本試験型
数学検定2級
試験問題集

成美堂出版

本書の使い方

本書は，数学検定２級でよく問われる問題を中心にまとめた本試験型問題集です。本番の検定を想定し，計５回分の問題を収録していますので，たっぷり解くことができます。解答や重要なポイントは赤字で示していますので，付属の赤シートを上手に活用しましょう。

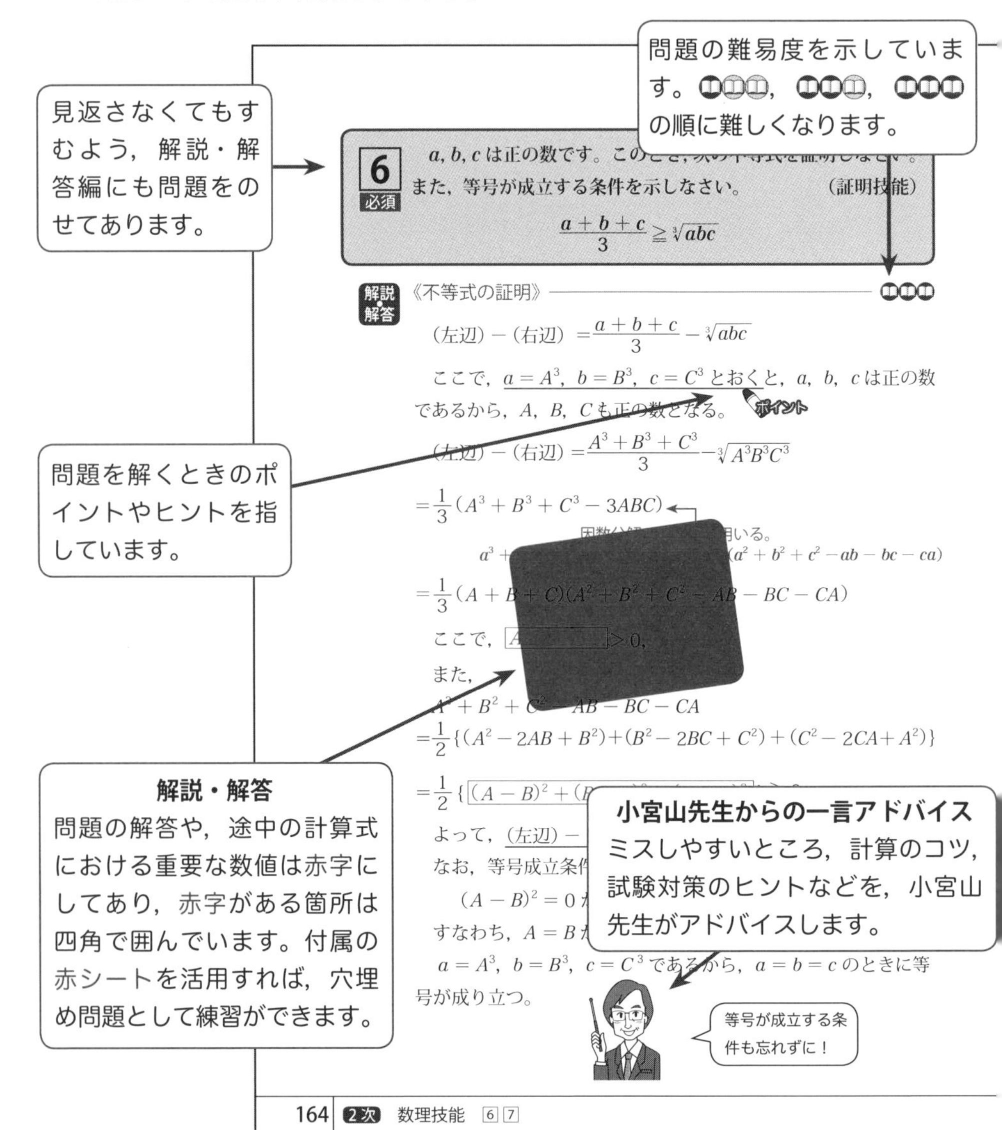

解答用紙と解答一覧

巻末には，各回の解答が一目でわかる解答一覧と，実際の試験のものと同じ形式を再現した解答用紙をつけています。標準解答時間を目安に時間を計りながら，実際に検定を受けるつもりで解いてみましょう。

第１回 １次 計算技能

標準解答時間 50分

解答用紙　解説・解答▶ p58 ～ p.71　解答一覧▶ p.190

1　9

解答一覧

くわしい解説は，「解説・解答」をごらんください。

第１回　１次

1　$(x+3)(x-3)(x^2+5)$
2　$2\sqrt{6}+2\sqrt{2}$
3　$x<2-\sqrt{7}$，$2+\sqrt{7}<x$
4　①　120°　②　$\frac{\sqrt{3}}{2}$
5　$a=4$，$b=-1$
6　$\frac{1}{2}$　7　40°
8　1　9　1
10　$-\frac{16}{65}$　11　$\sqrt{2}-1$
12　$\frac{13}{5}$　13　$\frac{32}{3}$
14　255
15　①　$\frac{1}{4}x^4-\frac{2}{3}x^3+3x^2+x+C$
（Cは積分定数）　②　-30

第１回　２次

1　(1) 正弦定理より，

$$\frac{BC}{\sin 30^\circ}=2\cdot 1$$

$BC=2\sin 30^\circ=2\cdot\frac{1}{2}=1$　……答

同様に，$CA=2\sin\theta$　……答

$AB=2\sin(150^\circ-\theta)$　……答

(2)　△ABC の周の長さを ℓ とすると，

$\ell=AB+BC+CA$
$=2\sin(150^\circ-\theta)+1+2\sin\theta$
$=2\{\sin\theta+\sin(150^\circ-\theta)\}+1$

したがって，

$$\ell=2\cdot 2\sin\frac{\theta+(150^\circ-\theta)}{2}\times\cos\frac{\theta-(150^\circ-\theta)}{2}+1$$
$$=4\sin 75^\circ\cos(\theta-75^\circ)+1$$

三角形の内角の和は 180° であるから，$0^\circ<\theta<150^\circ$ で，

$$-75^\circ<\theta-75^\circ<75^\circ$$

より，$\theta-75^\circ=0^\circ$ のとき，$\cos(\theta-75^\circ)=\cos 0^\circ=1$ となるから，ℓ は最大となる。

したがって，最大値は，

$4\sin 75^\circ\cdot 1+1$
$=4\sin(45^\circ+30^\circ)+1$
$=4(\sin 45^\circ\cos 30^\circ+\cos 45^\circ\sin 30^\circ)+1$
$=4\left(\frac{1}{\sqrt{2}}\cdot\frac{\sqrt{3}}{2}+\frac{1}{\sqrt{2}}\cdot\frac{1}{2}\right)+1$
$=\sqrt{6}+\sqrt{2}+1$　……答

2　放物線 $y=x^2$ 上の点 P の座標を $(t,\ t^2)$ と表す。

このとき，点 $P(t,\ t^2)$ と直線 $x-2y-5=0$ との距離 d は，

$$d=\frac{|t-2t^2-5|}{\sqrt{1^2+(-2)^2}}=\frac{|2t^2-t+5|}{\sqrt{5}}$$
$$=\frac{1}{\sqrt{5}}\left|2\left(t-\frac{1}{4}\right)^2+\frac{39}{8}\right|$$

190　解答一覧

不等式の証明

$A>B$ を示すには，次のようにします。

①　$A-B$ を変形して，$A-B>0$ を示

ただし，平方根や絶対値などがあって

0以上の式の場合は，$A^2-B^2>0$ を示

この場合は，

大小関係の条件がある　→　因数分解

件がない　→　平方完成

平均の関係やコーシー・

を利用する。

③　$A>C$ かつ $C>B$（いずれか一方に＝もよい）をみたす式 C をつくる。

問題を解くための基礎となる重要事項をまとめてあります。

7 必須　放物線 $C：y=x^2$ と $A(1,\ 2)$ を通る直線 ℓ との２をP，Qとし，C と ℓ で囲まれた面積を S とします。S が最小となるとき，点 A は線分 PQ の中点となることを証明しなさい。

《面積》

直線 ℓ の傾きを m とすると，

$$\ell：y-2=m(x-1)$$
$$y=mx-m+2$$

これと放物線 $C：y=x^2$ から，

$$x^2-mx+m-2=0$$

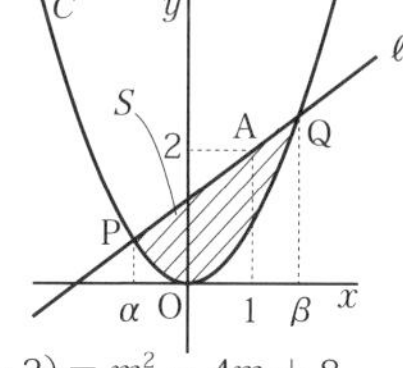

この２次方程式は，判別式 D が，

$$D=(-m)^2-4\times 1\times(m-2)=m^2-4m+8$$
$$+4>0$$

かかわらず，必ず異なる２つの実数解をもつ。

$x^2-mx+m-2=0$ の２つの実数解を α，β（$\alpha<\beta$）と

計算の手順をくわしく解説しています。

問題◀ p.48　165

目　次

数学検定２級の内容

数学検定２級の検定内容

●学習範囲と検定内容

実用数学技能検定は，公益財団法人日本数学検定協会が実施している検定試験です。

1級から11級までと，準1級，準2級をあわせて，13階級あります。そのなかで，1級から5級までは「数学検定」，6級から11級までは「算数検定」と呼ばれています。

検定内容は，AグループからMグループまであり，2級はそのなかのCグループから50%，Dグループから40%，特有問題から10%程度出題されることになっています。

また，2級の出題内容のレベルは【高校2年程度】とされています。

2級の検定内容

Cグループ	式と証明，分数式，高次方程式，いろいろな関数（指数関数・対数関数・三角関数・高次関数），点と直線，円の方程式，軌跡と領域，微分係数と導関数，不定積分と定積分，ベクトル，複素数，方程式の解，確率分布と統計的な推測，コンピュータ（数値計算）　など
Dグループ	数と集合，数と式，二次関数・グラフ，二次不等式，三角比，データの分析，場合の数，確率，整数の性質，n進法，図形の性質　など

● 1次検定と2次検定

数学検定は各階級とも，1次（計算技能検定）と2次（数理技能検定）の2つの検定があります。

1次（計算技能検定）は，主に計算技能をみる検定で，解答用紙には答えだけを記入することになっています。

２次（数理技能検定）は，主に数理応用技能をみる検定で，解答用紙には答えだけでなく，計算の途中の式や単位，図を記入することもあります。このような問題では，たとえ最終的な答えがあっていなくても，途中経過が正しければ部分点をもらえることがあります。逆に，途中経過を何も書かないで答えのみを書いたり，単位をつけなかったりした場合には，減点となることがあります。なお，２次検定では，階級を問わず電卓を使うことができます。

●検定時間と問題数

２級の検定時間と問題数，合格基準は次のとおりです。

	検定時間	問題数	合格基準
1 次（計算技能検定）	50 分	15 問	全問題の 70%程度
2 次（数理技能検定）	90 分	必須 2 題，選択 3 題	全問題の 60%程度

＊配点は公表されていませんが，合格基準より判断すると，1 次（問題数 15 問の場合）の合格基準点は 11 問，2 次（問題数 5 問の場合）の合格基準点は 3 問となります。

数学検定２級の受検方法

●受検方法

数学検定は，個人受検，団体受検，提携会場受検のいずれかの方法で受検します。申し込み方法は，個人受検の場合，インターネット，郵送，コンビニ等があります。団体受検の場合，学校や塾などを通じて申し込みます。提携会場受検の場合は，インターネットによる申し込みとなります。

●受検資格

原則として受検資格は問われません。

●検定の免除

１次（計算技能検定）または２次（数理技能検定）にのみ合格している方は，同じ階級の２次または１次検定が免除されます。申し込み時に，該当の合格証番号が必要です。

●合否の確認

検定日の約3週間後に，ホームページにて合否を確認することができます。検定日から約30～40日後を目安に，検定結果が郵送されます。

受検方法など試験に関する情報は変更になる場合がありますので，事前に必ずご自身で試験実施団体などが発表する最新情報をご確認ください。

公益財団法人 日本数学検定協会
ホームページ：https://www.su-gaku.net/
〒110-0005
東京都台東区上野5-1-1　文昌堂ビル6階
<個人受検の問合わせ先>
TEL：03-5812-8349
<団体受検・提携会場受検の問合わせ先>
TEL：03-5812-8341

2級の出題のポイント

２級の出題範囲の中で，ポイントとなる項目についてまとめました。問題に取り組む前や疑問が出たときなどに，内容を確認しましょう。

なお，答えが分数になる場合には最も簡単な分数に，答えに根号が含まれる場合には根号内を最も小さい整数にしておきましょう。

1次検定・2次検定共通のポイント

数式の計算

数式の計算は，いろいろな問題を解くうえでの基本となります。乗法公式や指数法則をおぼえて，何度も繰り返し練習しましょう。

Point

(1) 乗法公式

① $(a+b)^2=a^2+2ab+b^2$　　② $(a-b)^2=a^2-2ab+b^2$

③ $(a+b)(a-b)=a^2-b^2$

④ $(ax+b)(cx+d)=acx^2+(ad+bc)x+bd$

⑤ $(a+b)^3=a^3+3a^2b+3ab^2+b^3$

⑥ $(a-b)^3=a^3-3a^2b+3ab^2-b^3$

(2) 因数分解の公式

乗法公式①～⑥の左辺と右辺を入れかえた式を公式として利用します。

⑦ $a^3+b^3=(a+b)(a^2-ab+b^2)$

⑧ $a^3-b^3=(a-b)(a^2+ab+b^2)$

方程式と不等式

２級で出題される方程式は，３次方程式，２次不等式が中心で，解の公式や因数定理などです。また，判別式を用いて方程式の解の個数を求める問題や不等式の解の範囲を図示する問題もよく出題されます。

Point

(1) 2次方程式 $ax^2+bx+c=0$ の解き方

① 因数分解を利用する。

② 解の公式を使う。 $x=\dfrac{-b\pm\sqrt{b^2-4ac}}{2a}$

(2) 3次方程式 $ax^3+bx^2+cx+d=0$ の解き方

$P(x)=ax^3+bx^2+cx+d$ とおく。

$P(\alpha)=0$ となる実数 α をみつけ，因数定理より $(x-\alpha)$ を因数に持つことから，左辺を因数分解して解を求めます。

(3) 2次方程式の解の個数と判別式

2次方程式 $ax^2+bx+c=0$（$a\neq 0$，a，b，c は実数）の解の個数は，判別式 $D=b^2-4ac$ の符号によって決まります。

① $D>0$ ⇔ 2次方程式は異なる2つの実数解をもつ。

② $D=0$ ⇔ 2次方程式は重解をもつ。

③ $D<0$ ⇔ 2次方程式は実数解をもたない(異なる2つの虚数解をもつ)。

(4) 2次不等式の解き方

$a>0$, $\alpha<\beta$ として, $ax^2+bx+c=a(x-\alpha)(x-\beta)$ と表せるとき,

① $a(x-\alpha)(x-\beta)>0$ → $x<\alpha$，$\beta<x$

② $a(x-\alpha)(x-\beta)\geqq 0$ → $x\leqq\alpha$，$\beta\leqq x$

③ $a(x-\alpha)(x-\beta)<0$ → $\alpha<x<\beta$

④ $a(x-\alpha)(x-\beta)\leqq 0$ → $\alpha\leqq x\leqq\beta$

指数と対数の計算

指数と対数の計算は，1次検定では毎回出題されており，2次検定では等式や不等式の証明問題として出題されることもあります。いずれも, 基本公式をよく理解し, 正確に計算できるようにしておきましょう。

Point

(1) 累乗根の計算（$a>0$，$b>0$，m，n は正の整数）

① $\sqrt[n]{a}\sqrt[n]{b}=\sqrt[n]{ab}$

② $\dfrac{\sqrt[n]{a}}{\sqrt[n]{b}}=\sqrt[n]{\dfrac{a}{b}}$

③　$(\sqrt[n]{a})^m = \sqrt[n]{a^m}$　　④　$\sqrt[m]{\sqrt[n]{a}} = \sqrt[mn]{a}$

(2) 指数の計算（$a > 0$，$b > 0$，m，n は正の整数，p，q は実数）

①　$a^0 = 1$　　②　$a^{-n} = \dfrac{1}{a^n}$　　③　$a^{\frac{1}{m}} = \sqrt[m]{a}$

④　$a^{\frac{n}{m}} = \sqrt[m]{a^n}$　　⑤　$a^p a^q = a^{p+q}$　　⑥　$\dfrac{a^p}{a^q} = a^{p-q}$

⑦　$(a^p)^q = a^{pq}$　　⑧　$(ab)^p = a^p b^p$　　⑨　$\left(\dfrac{a}{b}\right)^p = \dfrac{a^p}{b^p}$

(3) 対数の計算（$a > 0$，$a \fallingdotseq 1$，$M > 0$，$N > 0$，k は実数）

$\log_a M = p$（$M = a^p$）を満たすとき，$\log_a M$ を a を底とする M の対数といい，M をこの対数の真数という。

①　$\log_a a = 1$　　②　$\log_a 1 = 0$

③　$\log_a MN = \log_a M + \log_a N$　　④　$\log_a \dfrac{M}{N} = \log_a M - \log_a N$

⑤　$\log_a M^k = k\log_a M$

(4) 底の変換公式（$a > 0$，$b > 0$，$c > 0$ で，$a \fallingdotseq 1$，$c \fallingdotseq 1$）

$$\log_a b = \frac{\log_c b}{\log_c a}$$

平面図形と方程式

平面図形の角度や長さ，面積を求める問題はいろいろな形式で出題されます。三平方の定理，内分点と外分点，直線と円の方程式などの基本を押さえ，応用力を身につけておきましょう。

Point

(1)　接弦定理

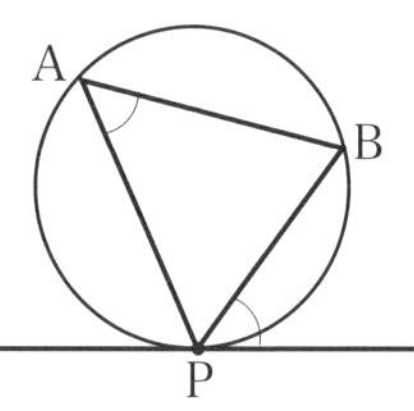

円の接線とその接点を通る弦のつくる角は，その角の内部にある円弧に対する円周角に等しい。

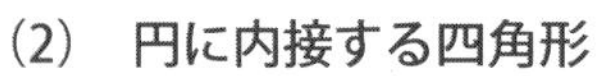

(2)　円に内接する四角形

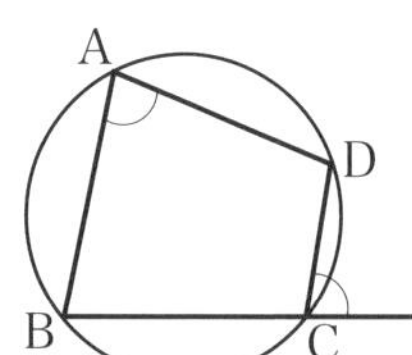

①　対角の和は 180°

$\angle A + \angle C = \angle B + \angle D = 180°$

②　外角はそれと隣り合う内角の対角に等しい。

(3) 内分点と外分点

2点 $A(x_1,\ y_1)$，$B(x_2,\ y_2)$ とします。

① 線分ABの $m:n$ の内分点Pの座標　$P\left(\dfrac{nx_1+mx_2}{m+n},\ \dfrac{ny_1+my_2}{m+n}\right)$

② 線分ABの $m:n$ の外分点Qの座標 $Q\left(\dfrac{-nx_1+mx_2}{m-n},\ \dfrac{-ny_1+my_2}{m-n}\right)$

(4) 直線の方程式

① 点 $P(x_0,\ y_0)$ を通り，傾き m の直線の方程式は $y-y_0=m(x-x_0)$

② 直線の方程式の一般形　　$ax+by+c=0$ （$a\neq 0$ または $b\neq 0$）

③ 2直線の平行・垂直　2つの直線を $y=m_1x+a$，$y=m_2x+b$ とおくと，

2つの直線が平行 $\Leftrightarrow$ $m_1=m_2$

2つの直線が垂直 $\Leftrightarrow$ $m_1m_2=-1$

(5) 点と直線の距離

点 $P(x_0,\ y_0)$ と直線 $ax+by+c=0$ との距離 d は，

$$d=\frac{|ax_0+by_0+c|}{\sqrt{a^2+b^2}}$$

特に，原点Oとの距離 d_0 は，$d_0=\dfrac{|c|}{\sqrt{a^2+b^2}}$

(6) 円の方程式

① 中心 $P(a,\ b)$，半径 r の円の方程式　　$(x-a)^2+(y-b)^2=r^2$

特に中心が原点Oのときは，$x^2+y^2=r^2$

② 円の方程式の一般形　　$x^2+y^2+\ell x+my+n=0$

③ 円 $x^2+y^2=r^2$ の接線の方程式　円上の点 $P(x_0,\ y_0)$ における接線の方程式は，　$x_0x+y_0y=r^2$

三角比

三角比に関しては，正弦定理・余弦定理を使って辺の長さや面積，体積を求める問題がよく出題されます。

Point

(1) 三角比の相互関係

① $\tan\theta=\dfrac{\sin\theta}{\cos\theta}$　② $\sin^2\theta+\cos^2\theta=1$　③ $1+\tan^2\theta=\dfrac{1}{\cos^2\theta}$

(2) 正弦定理と余弦定理

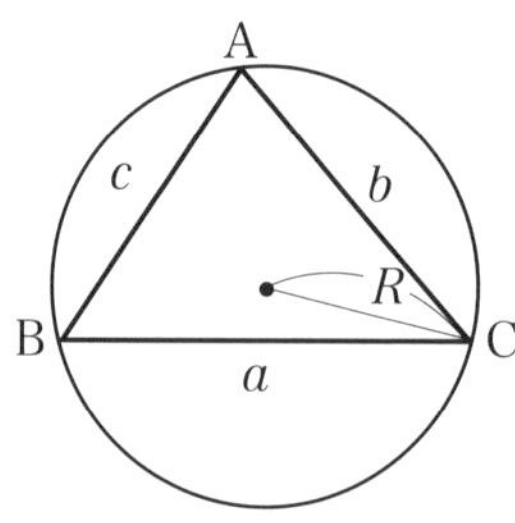

① 正弦定理　$\dfrac{a}{\sin A}=\dfrac{b}{\sin B}=\dfrac{c}{\sin C}=2R$

② 余弦定理　$a^2=b^2+c^2-2bc\cos A$

$b^2=c^2+a^2-2ca\cos B$

$c^2=a^2+b^2-2ab\cos C$

(3) 三角形の面積 S の表し方

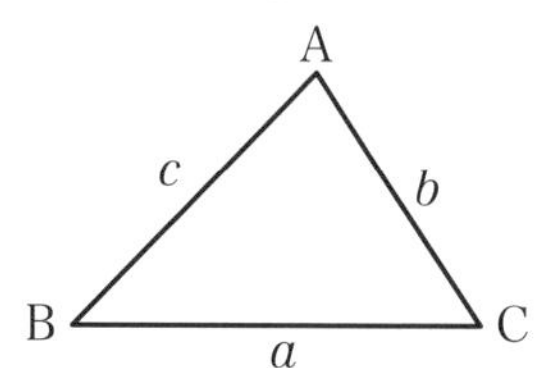

① 2辺とその間の角を用いて表す

$$S=\frac{1}{2}bc\sin A=\frac{1}{2}ac\sin B=\frac{1}{2}ab\sin C$$

② 3辺の長さを用いて表す（ヘロンの公式）

$$S=\sqrt{s(s-a)(s-b)(s-c)}\qquad\left(s=\frac{a+b+c}{2}\right)$$

ベクトル

> 2級では平面ベクトルが中心に出題されますが，空間ベクトルからも出題されます。ベクトルの基本演算を身につけ，内積の性質を利用する問題や位置ベクトルを使う問題をよく学習しておきましょう。

Point

(1) ベクトルの基本演算（k，ℓ は実数）

① $\vec{a}+\vec{b}=\vec{b}+\vec{a}$　② $(\vec{a}+\vec{b})+\vec{c}=\vec{a}+(\vec{b}+\vec{c})$

③ $k(\vec{a}+\vec{b})=k\vec{a}+k\vec{b}$　④ $(k+\ell)\vec{a}=k\vec{a}+\ell\vec{a}$

(2) ベクトルの成分表示（k，ℓ は実数）

ベクトルは，$\vec{a}=(a_1,\ a_2)$，$\vec{b}=(b_1,\ b_2)$ などのように成分表示することもあります。ベクトルの大きさを成分を用いて表すと，

$$|\vec{a}|=\sqrt{a_1{}^2+a_2{}^2},\ |\vec{b}|=\sqrt{b_1{}^2+b_2{}^2}$$

① $\vec{a}+\vec{b}=(a_1,\ a_2)+(b_1,\ b_2)=(a_1+b_1,\ a_2+b_2)$

② $\vec{a}-\vec{b}=(a_1,\ a_2)-(b_1,\ b_2)=(a_1-b_1,\ a_2-b_2)$

③ $k\vec{a}+\ell\vec{b}=k(a_1,\ a_2)+\ell(b_1,\ b_2)=(ka_1+\ell b_1,\ ka_2+\ell b_2)$

(3) ベクトルの内積

① 内積の定義

$\vec{a}\cdot\vec{b}=|\vec{a}||\vec{b}|\cos\theta$ （θ は $\vec{a}$ と $\vec{b}$ のなす角で，$0°\leqq\theta\leqq 180°$）

② $\vec{a}\cdot\vec{b}=a_1b_1+a_2b_2$

③ $\cos\theta=\dfrac{\vec{a}\cdot\vec{b}}{|\vec{a}||\vec{b}|}=\dfrac{a_1b_1+a_2b_2}{\sqrt{a_1{}^2+a_2{}^2}\sqrt{b_1{}^2+b_2{}^2}}$

④ $\vec{a}\cdot\vec{b}=\vec{b}\cdot\vec{a}$　　⑤ $\vec{a}\cdot(\vec{b}+\vec{c})=\vec{a}\cdot\vec{b}+\vec{a}\cdot\vec{c}$

⑥ $(\vec{a}+\vec{b})\cdot\vec{c}=\vec{a}\cdot\vec{c}+\vec{b}\cdot\vec{c}$

(4) ベクトルの平行と垂直

① ベクトルの平行条件　$\vec{a}\,/\!/\,\vec{b} \Leftrightarrow \vec{b}=k\vec{a}$ （$k\fallingdotseq 0$）

② ベクトルの垂直条件　$\vec{a}\perp\vec{b} \Leftrightarrow \vec{a}\cdot\vec{b}=0$

微分・積分

1 次検定では，接線の方程式や定積分の計算，2 次検定では，放物線や 3 次関数がつくる図形の面積の問題などが主に出題されます。微分の定義を押さえ，導関数を使って接線を求められるようにしましょう。定積分の計算では，公式を活用し，効率よく計算をすすめましょう。

Point

(1) 関数 $y=f(x)$ の $x=a$ における微分係数 $f'(a)$

$$f'(a)=\lim_{h\to 0}\frac{f(a+h)-f(a)}{h}$$

(2) 導関数

関数 $y=f(x)$ の導関数 $f'(x)$ を求めることを，$f(x)$ を微分するといいます。なお，導関数 $f'(x)$ を y'，$\dfrac{dy}{dx}$ などとも表記します。

(3) 導関数の基本公式

① $\{kf(x)\}'=kf'(x)$ （k：定数）

② $\{f(x)\pm g(x)\}'=f'(x)\pm g'(x)$ （複号同順）

③　$(x^n)' = nx^{n-1}$（n：自然数）　　④　$(c)' = 0$（c：定数）

(4) 接線の方式

関数 $y = f(x)$ 上の点 $P(a, f(a))$ における接線の方程式

$$y - f(a) = f'(a)(x - a)$$

(5) 不定積分

微分すると $f(x)$ になる関数を $f(x)$ の不定積分といい，$\int f(x)dx$ のように表します。$f(x)$ の不定積分を求めることを積分するといいます。

$F'(x) = f(x)$ とすると，$\int f(x)dx = F(x) + C$（Cは積分定数）

(6) 不定積分の基本公式

①　$\int kf(x)\,dx = k\int f(x)dx$　（k：定数）

②　$\int \{f(x) \pm g(x)\}dx = \int f(x)\,dx \pm \int g(x)\,dx$（複号同順）

③　$\int x^n dx = \dfrac{1}{n+1}x^{n+1} + C$（$n$：正の整数，$C$：積分定数）

④　$\int k\,dx = kx + C$（k：定数，C：積分定数）

(7) 定積分

関数 $f(x)$ の不定積分の 1 つを $F(x)$ とします。このとき，実数 a，b に対し，$F(b) - F(a)$ を $f(x)$ の a から b までの定積分といい，$\int_a^b f(x)\,dx$ のように表します。

(8) 定積分の基本公式

①　$\int_a^b kf(x)\,dx = k\int_a^b f(x)\,dx$（$k$：定数）　　②　$\int_a^a f(x)\,dx = 0$

③　$\int_a^b f(x)\,dx = -\int_b^a f(x)\,dx$

④　$\int_a^b f(x)\,dx = \int_a^c f(x)\,dx + \int_c^b f(x)\,dx$（$c$：任意の定数）

⑤　$\int_{-a}^a x^{2n}dx = 2\int_0^a x^{2n}dx$（$n = 0,\ 1,\ 2,\ \cdots\cdots$）

⑥ $\int_{-a}^{a} x^{2n+1}dx = 0 \quad (n = 0,\ 1,\ 2,\ \cdots\cdots)$

⑦ $\int_{\alpha}^{\beta} a(x-\alpha)(x-\beta)\,dx = -\frac{a}{6}(\beta-\alpha)^3$

順列と組合せ

順列や組合せの考え方を用いる問題は，毎回出題されています。公式を単に暗記するだけでなく，図や表をかいて理解しておきましょう。

Point

(1) 集合：全体集合 U の部分集合 A，B について

① 集合「A または B」を $A \cup B$，集合「A かつ B」を $A \cap B$ で表す。

② A の補集合を $\overline{A}$，B の補集合を $\overline{B}$ とすると，

（ア） $\overline{A \cap B} = \overline{A} \cup \overline{B}$ 　　（イ） $\overline{A \cup B} = \overline{A} \cap \overline{B}$

③ A，B それぞれの要素の個数を $n(A)$，$n(B)$ とすると，

$$n(A \cup B) = n(A) + n(B) - n(A \cap B)$$

(2) 順列と組合せ

① 順列：異なる n 個のものから r 個を取って，1列に並べる並べ方

$${}_n\mathrm{P}_r = n(n-1)(n-2)\cdots\cdots(n-r+1) = \frac{n!}{(n-r)!}$$

② 組合せ：異なる n 個のものから r 個を取る取り方

$${}_n\mathrm{C}_r = \frac{{}_n\mathrm{P}_r}{r!} = \frac{n!}{r!(n-r)!}$$

③ 組合せの公式 　${}_n\mathrm{C}_r = {}_n\mathrm{C}_{n-r}$ 　${}_n\mathrm{C}_r = {}_{n-1}\mathrm{C}_{r-1} + {}_{n-1}\mathrm{C}_r$

確　率

確率は，余事象，独立試行，反復試行などの考え方を用いる問題が出題されます。樹形図や表をかいて，具体化するとともに，順列や組合せの考え方を用いて，効率よく計算をすすめることが大切です。

Point

(1) 和事象と排反事象

事象 A と事象 B の少なくとも一方が起こる確率を $P(A \cup B)$，事象 A

と事象 B が同時に起こる確率を $P(A\cap B)$ とすると，

$$P(A\cup B)=P(A)+P(B)-P(A\cap B)$$

特に，A と B が排反であるとき，$P(A\cup B)=P(A)+P(B)$

(2) 余事象の確率

事象 A が起こらない確率を $P(\overline{A})$ とすると，　$P(\overline{A})=1-P(A)$

(3) 独立試行の確率

2つの独立な試行 T_1，T_2 に対し，T_1 で事象 A が起こり，かつ T_2 で事象 B が起こる確率 p は，　$p=P(A)\,P(B)$

(4) 反復試行の確率

同じ条件で繰り返し行える試行において，1回の試行で事象 A の起こる確率を p とする。この試行を n 回行ったとき，事象 A が r 回起こる確率 $P(n,\ r)$ は，　$P(n,\ r)={}_n\mathrm{C}_r p^r\,(1-p)^{n-r}$

2次検定のポイント

2次検定では，必須問題2問と選択問題3問（5問から3問選択）の合計5問を解答します。選択問題については，4題以上解答しても採点されませんので，解けそうな問題を3つ選んでから解きはじめるとよいでしょう。

必須問題の2問について，最もよく出題されるのが微分・積分の問題です。2次関数（放物線）と3次関数が中心で，放物線の接線や法線の方程式，直線と放物線で囲まれる面積を求めさせる問題がよく出題されています。基本公式を確実に理解し，頻出問題の解法パターンの流れを覚えるとともに，必ず図をかいて考えるようにしましょう。他にも、場合分けや、証明問題，確率，分母の有理化に関する問題もしっかりとおさえておくとよいでしょう。

選択問題の出題テーマは多岐にわたっていますが，図形と三角比，確率，証明，平面ベクトルの応用などがよく出題されます。まずは得意なテーマを確実におさえて，苦手とするテーマは何度も解いて解法に慣れておくとよいでしょう。

第1回　数学検定

2級

1次　＜計算技能検定＞

—— 検定上の注意 ——

1. 検定時間は 50 分です。
2. 電卓・ものさし・コンパスを使用することはできません。
3. 解答用紙には答えだけを書いてください。
4. 答えが分数になるとき，約分してもっとも簡単な分数にしてください。
5. 答えに根号が含まれるとき，根号の中の数はもっとも小さい正の整数にしてください。

＊解答用紙は 206 ページ

1

次の式を因数分解しなさい。

$$x^4-4x^2-45$$

2

次の計算をしなさい。

$$\frac{\sqrt{3}-\sqrt{2}}{\sqrt{2}+1}+\frac{\sqrt{3}+\sqrt{2}}{\sqrt{2}-1}$$

3

次の２次不等式を解きなさい。

$$x^2-4x-3>0$$

4

△ABCにおいて，AB＝3，BC＝7，CA＝5であるとき，次の問いに答えなさい。

① ∠Aの大きさを求めなさい。
② △ABCの内接円の半径を求めなさい。

5

次の等式がxについての恒等式となるように，定数a，bの値を求めなさい。

$$\frac{3x+19}{(x-3)(x+4)}=\frac{a}{x-3}+\frac{b}{x+4}$$

6 箱A，B，Cに当たりくじとはずれくじが次のように入っています。ある人が3つの箱の中から無作為に1つの箱を選び，くじを1本ひいたところ，当たりくじをひきました。このとき，箱Cを選んでいた条件付き確率を求めなさい。

箱A：当たりくじ1本，はずれくじ4本

箱B：当たりくじ2本，はずれくじ3本

箱C：当たりくじ3本，はずれくじ2本

7 右の図のように，円に対して点Pから2本の接線をひき，接点をA，Bとします。優弧AB上の点Cに対して∠ACB = 70°であるとき，∠APBの大きさを求めなさい。

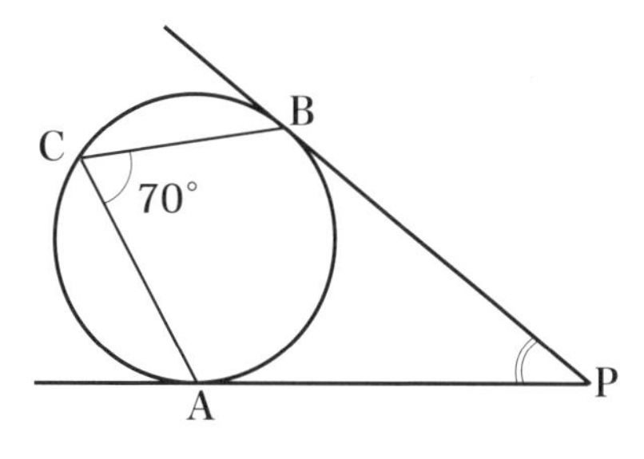

8 2^{30} を7でわったときの余りを求めなさい。

9 次の式を計算しなさい。

$$\frac{2x^2 - x - 1}{x^2 - 1} \div \frac{2x^2 + 5x + 2}{x^2 + 3x + 2}$$

10 αは鋭角，βは鈍角で，$\sin\alpha = \frac{3}{5}$，$\sin\beta = \frac{5}{13}$ のとき，$\sin(\alpha + \beta)$ の値を求めなさい。

解説・解答▷▶ p.58 ～ p.66

11 $\tan 22.5^\circ$の値を求めなさい。

12 xy 平面上の点 $(2,\ -1)$ と直線 $4x - 3y + 2 = 0$ との距離を求めなさい。

13 放物線 $y = x^2 - 2x - 3$ と x 軸とで囲まれた部分の面積を求めなさい。

14 第 3 項が 1，公比が 2 である等比数列の第 3 項から第 10 項までの和を求めなさい。

15 整式 $f(x) = x^3 - 2x^2 + 6x + 1$ について，次の問いに答えなさい。

① 不定積分 $\int f(x)\,dx$ を求めなさい。

② 定積分 $\int_{-3}^{3} f(x)\,dx$ を求めなさい。

解説・解答▷▶ p.67 ～ p.71

第1回　数学検定

2級

2次 〈数理技能検定〉

—— 検定上の注意 ——

1. 検定時間は90分です。
2. 電卓を使用することができます。
3. 解答はすべて解答用紙に書き，解法の過程がわかるように記述してください。ただし，問題文に特別な指示がある場合は，それにしたがってください。
4. 問題1～5は選択問題です。3題を選択して，選択した問題の番号の○をぬりつぶし，解答してください。選択問題の解答は解いた順番に解答欄へ書いてもかまいません。ただし，4題以上解答した場合は採点されませんので，注意してください。問題6・7は，必須問題です。

＊解答用紙は207ページ

1 選択　半径1の円に内接する△ABCにおいて，$\angle A = 30°$であるとき，次の問いに答えなさい。

(1) BCの長さを求めなさい。また，$\angle B = \theta$とするとき，CA，ABの長さをθを用いて表しなさい。 (表現技能)

(2) △ABCの周の長さの最大値を求めなさい。

2 選択　放物線$y = x^2$上の点Pと，直線$x - 2y - 5 = 0$上の点との距離の最小値を求めなさい。また，そのときの点Pの座標を求めなさい。

3 選択　次の問いに答えなさい。

(1) 等式$(m^2 - n^2)^2 + (2mn)^2 = (m^2 + n^2)^2$が成り立つことを証明しなさい。 (証明技能)

(2) 自然数a，b，cに対して，$a^2 + b^2 = c^2$をみたす(a, b, c)の組をピタゴラス数とよびます。たとえば，(3, 4, 5)や(5, 12, 13)などです。これ以外のピタゴラス数を1組求めなさい。ただし，$a < b < c$とし，a，b，cの最大公約数は1とします。

4 選択

関数 $y = \sin^2 x + 2\sin x\cos x + 3\cos^2 x$ の最大値と最小値を求めなさい。

x，y が次の 4 つの不等式 $x \geqq 0$，$y \geqq 0$，$3x - 2y + 4 \geqq 0$，$5x + 4y - 30 \leqq 0$ を満たすとき，$x + 2y$ の最大値を求めなさい。

解説・解答▷▶ p.73 〜 p.80

AKAKABUの7文字から4文字をとって1列に並べる並べ方は何通りありますか。

7 必須

放物線 $C: y=\frac{1}{4}x^2$ に対し，直線 $\ell: y=-1$ 上の点Pからひいた2本の接線の接点をそれぞれA，Bとします。このとき∠APBは点Pの位置と無関係につねに一定であることを証明しなさい。

（証明技能）

解説・解答▷▶ p.81 ～ p.82

第2回　数学検定

2級

1次 〈計算技能検定〉

――― 検定上の注意 ―――

1. 検定時間は50分です。
2. 電卓・ものさし・コンパスを使用することはできません。
3. 解答用紙には答えだけを書いてください。
4. 答えが分数になるとき，約分してもっとも簡単な分数にしてください。
5. 答えに根号が含まれるとき，根号の中の数はもっとも小さい正の整数にしてください。

＊解答用紙は208ページ

1 次の式を展開しなさい。

$$(a-b)(a+b)(a^2+b^2)(a^4+b^4)$$

2 次の計算をしなさい。

$$(2+\sqrt{3}-\sqrt{6})(2-\sqrt{3}+\sqrt{6})$$

3 a は定数とし，2 次関数 $y=2x^2+2ax+a^2-a+1$ の最小値を $m(a)$ とする。$m(a)$ の最小値を求めなさい。

4 △ABC において，AB ＝ 3，AC ＝ 2，∠A ＝ 60°で，∠A の二等分線と辺 BC との交点を D とするとき，AD の長さを求めなさい。

5 $(a+b+c)(ab+bc+ca)-abc$ を因数分解しなさい。

6 9人の生徒を3人ずつ3グループに分けるとき，その分け方は何通りありますか。

7 右の図において，x の値を求めなさい。

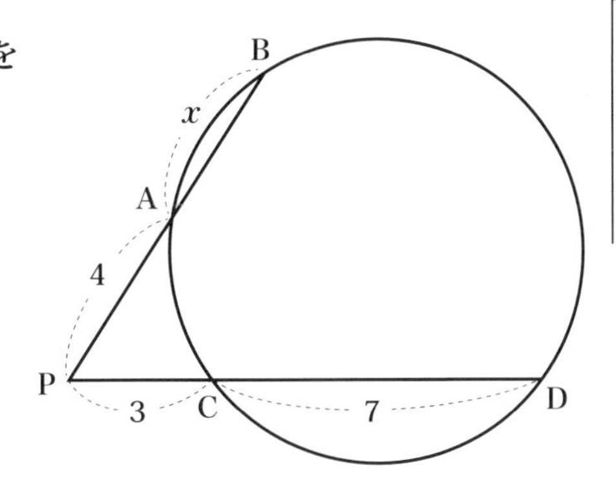

8 次の循環小数を既約分数になおしなさい。

$$1.\dot{2}3\dot{4}$$

9 整式 $x^4+2x^3+3x^2+4x+5$ を x^2+2 でわったときの余りを求めなさい。

10 次の等式をみたす r，α を求めなさい。ただし，$r>0$，$-\pi \leqq \alpha < \pi$ とします。

$$\sqrt{6}\sin\theta-\sqrt{2}\cos\theta=r\sin(\theta+\alpha)$$

解説・解答▷▶ p.84 ～ p.94

11　関数$f(x)=\dfrac{1}{2}x^2$のグラフ上の点$(2,\ 2)$における接線の方程式を求めなさい。

12　$\log_{10}2=0.301$とします。このとき，次の問いに答えなさい。

①　$\log_{10}\dfrac{5}{2}$の値を求めなさい。

②　$\left(\dfrac{5}{2}\right)^{50}$の整数部分のけた数を求めなさい。

13　関数$y=-x^3+3x^2+9x-6$の極大値を求めなさい。

14　$\overrightarrow{OA}=(3,\ 2)$，$\overrightarrow{OB}=(1,\ -4)$のとき，$\triangle OAB$の面積を求めなさい。

15　1辺の長さが2の正四面体OABCにおいて，$\triangle ABC$の重心をGとするとき，次の問いに答えなさい。

①　内積$\overrightarrow{OA}\cdot\overrightarrow{OB}$の値を求めなさい。

②　$|\overrightarrow{OG}|$の値を求めなさい。

解説・解答▷▶ p.95 ～ p.99

第2回　数学検定

2級

2次　〈数理技能検定〉

—— 検定上の注意 ——

1. 検定時間は90分です。
2. 電卓を使用することができます。
3. 解答はすべて解答用紙に書き，解法の過程がわかるように記述してください。ただし，問題文に特別な指示がある場合は，それにしたがってください。
4. 問題1～5は選択問題です。3題を選択して，選択した問題の番号の○をぬりつぶし，解答してください。選択問題の解答は解いた順番に解答欄へ書いてもかまいません。ただし，4題以上解答した場合は採点されませんので，注意してください。問題6・7は，必須問題です。

＊解答用紙は209ページ

1 選択

x，y，zを実数とします。$x^2+y^2+z^2=1$のとき，$x+2y+3z$の最大値と最小値を求めなさい。

2 選択

コインを10回投げます。1回投げるごとに，表が出ると＋10点，裏が出ると－5点ずつ得点が加算されます。このとき，次の問いに答えなさい。

（1） 得点の平均（期待値）を求めなさい。

（2） 得点の標準偏差を求めなさい。

3 選択

漸化式$a_1=1$，$a_{n+1}=2a_n+2^n$をみたす数列$\{a_n\}$の一般項を求めなさい。

4 選択

3点A（1，0，0），B（0，2，0），C（-1，1，1）の定める平面αに，原点Oから下ろした垂線の足をHとする。点Hの座標を求めなさい。

5 選択

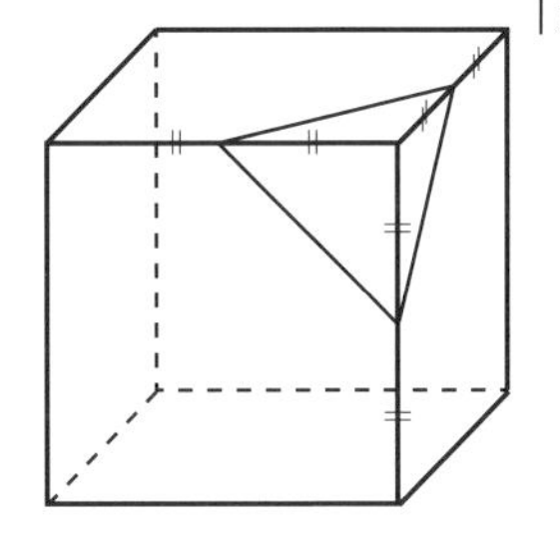

右の図の立方体において，1つの頂点に集まる3辺のそれぞれの中点を通る平面で立方体を切断し，三角錐を切り取ります。この操作を立方体の8つの頂点すべてに行います。

残った立体の頂点の数をv，辺の数をe，面の数をfとするとき，オイラーの多面体定理$v-e+f=2$が成り立つことを証明しなさい。　　　　（証明技能）

解説・解答▷▶ p.101 ～ p.106

6 必須

2つのさいころを同時に投げるとき，出る目の数の差の絶対値を X とします。このとき，次の問いに答えなさい。

(1) X の平均（期待値）を求めなさい。

(2) X の分散を求めなさい。

7 必須

次の問いに答えなさい。

(1) 直線 $y = 2tx - t^2$ について，t がどのような実数値をとっても直線が通過しない領域を図示しなさい。

(2) (1) で求めた領域の境界線と，直線 $y = 2x + 3$ で囲まれた図形の面積を求めなさい。 （測定技能）

解説・解答 p.107 ～ p.109

第3回　数学検定

2級

1次 <計算技能検定>

検定上の注意

1. 検定時間は50分です。
2. 電卓・ものさし・コンパスを使用することはできません。
3. 解答用紙には答えだけを書いてください。
4. 答えが分数になるとき，約分してもっとも簡単な分数にしてください。
5. 答えに根号が含まれるとき，根号の中の数はもっとも小さい正の整数にしてください。

＊解答用紙は210ページ

1 全体集合 $U=\{1, 2, 3, 4, 5, 6, 7, 8, 9\}$, $A=\{2, 4, 6, 8\}$, $B=\{3, 6, 9\}$ のとき, $\overline{A}\cap\overline{B}$ を求めなさい。

2 $\dfrac{2}{\sqrt{5}-1}$ の小数部分を t とするとき, t^2-t+1 の値を求めなさい。

3 放物線 $y=3x^2-8x+4$ を x 軸方向に -2, y 軸方向に 3 だけ平行移動するとき, 移動後の放物線を表す方程式を求めなさい。

4 △ABC において, AB = 3, BC = 7, CA = 8 であるとき, ∠A の大きさを求めなさい。

5 次の式を因数分解しなさい。

$$x^2+xy-6y^2+3x-y+2$$

6 4 枚のコインを同時に投げるとき, 次の問いに答えなさい。

① 少なくとも 1 枚表が出る確率を求めなさい。
② 表が 2 枚, 裏が 2 枚出る確率を求めなさい。

7 右の図のように半径３の円O_1と，半径５の円O_2に対して，直線ℓは共通外接線であり，それぞれの円との接点をA，Bとすると，AB＝8です。２つの円の中心間の距離O_1O_2を求めなさい。

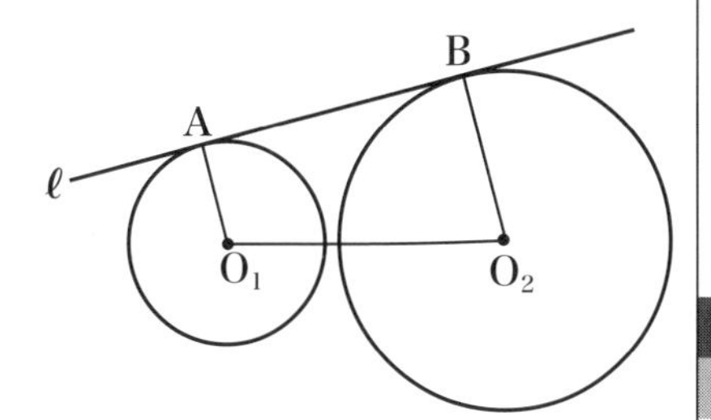

8 次の２つの数の最大公約数を求めなさい。

1682，1798

9 ２次方程式$2x^2-6x-7=0$の２つの解をα，βとするとき，次の式の値を求めなさい。

① $\alpha^2+\beta^2$

② $\dfrac{\alpha}{\beta}+\dfrac{\beta}{\alpha}$

10 $\tan\theta=3$のとき，次の式の値を求めなさい。

$\sin 2\theta+\cos 2\theta$

解説・解答▷▶ p.112 ～ p.123

11　次の式を計算しなさい。

$$\sqrt[3]{16}\times\sqrt[3]{81}\div\sqrt[3]{6}$$

12　次の方程式を解きなさい。

$$\log_2(x+1)+\log_2(3-x)=2$$

13　直線 $y=2x$ と垂直で，点 $(2,\ 1)$ を通る直線の方程式を求めなさい。

14　次の和を求めなさい。

$$\frac{1}{2\cdot4}+\frac{1}{4\cdot6}+\frac{1}{6\cdot8}+\cdots\cdots+\frac{1}{98\cdot100}$$

15　右の図の平行四辺形 ABCD において，$\overrightarrow{AC}=\vec{a}$，$\overrightarrow{BD}=\vec{b}$ とするとき，$\overrightarrow{AB}$を $\vec{a}$，$\vec{b}$ を用いて表しなさい。

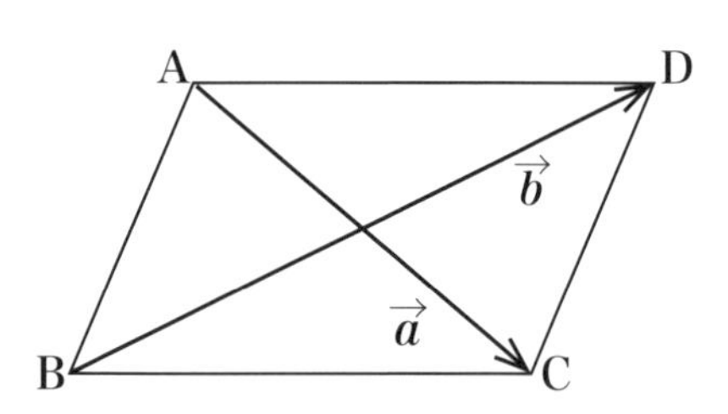

第3回　数学検定

2級

2次　〈数理技能検定〉

—— 検定上の注意 ——

1. 検定時間は90分です。
2. 電卓を使用することができます。
3. 解答はすべて解答用紙に書き，解法の過程がわかるように記述してください。ただし，問題文に特別な指示がある場合は，それにしたがってください。
4. 問題1～5は選択問題です。3題を選択して，選択した問題の番号の○をぬりつぶし，解答してください。選択問題の解答は解いた順番に解答欄へ書いてもかまいません。ただし，4題以上解答した場合は採点されませんので，注意してください。問題6・7は，必須問題です。

＊解答用紙は211ページ

1 選択

次の問いに答えなさい。

(1)　p, q が有理数のとき，$p+q\sqrt{3}=0$ ならば，$p=q=0$ であることを証明しなさい。
ただし，$\sqrt{3}$ が無理数であることを用いてもよい。　（証明技能）

(2)　次の等式をみたす有理数 p, q の値を求めなさい。

$$\frac{p}{2-\sqrt{3}}+\frac{q}{1+\sqrt{3}}=4+5\sqrt{3}$$

2 選択

次の問いに答えなさい。

(1)　次の x の恒等式をみたす a, b, c の値を求めなさい。

$$\frac{6}{x(x+2)(x+3)}=\frac{a}{x}+\frac{b}{x+2}+\frac{c}{x+3}$$

(2)　$\displaystyle\sum_{k=1}^{n}\frac{6}{k(k+2)(k+3)}$ を n の式で表しなさい。

3 選択

△ABC において，∠A の二等分線と辺 BC との交点を D とするとき，

$$AD^2=AB\cdot AC-BD\cdot CD$$

が成り立つことを証明しなさい。　（証明技能）

4 選択

x，y を整数とします。次の不定方程式の一般解を，整数 n を用いて表しなさい。（表現技能）

$$32x - 27y = 1$$

5 選択

3 次関数 $f(x) = 2x^3 - 3x^2 - 6x + 1$ の極値を求めなさい。

解説・解答▷▶ p.130 ～ p.138

等式 ${}_{k+1}C_r = {}_kC_r + {}_kC_{r-1}$ を証明しなさい。

（証明技能）

7 必須

2次方程式 $x^2 + ax + b = 0$（a，b は実数）の2つの解 α，β が $|\alpha| \leqq 1$ かつ $|\beta| \leqq 1$ をみたすとき，次の問いに答えなさい。ただし，複素数 z の絶対値は，z の共役複素数 $\bar{z}$ を用いて，$|z| = \sqrt{z \cdot \bar{z}}$ であるとします。

（1） 点（a，b）の存在範囲を図示しなさい。

（2） （1）で求めた領域の面積を求めなさい。

（測定技能）

解説・解答▷▶ p.139 ～ p.142

第4回　数学検定

2級

1次　＜計算技能検定＞

―― 検定上の注意 ――

1. 検定時間は50分です。
2. 電卓・ものさし・コンパスを使用することはできません。
3. 解答用紙には答えだけを書いてください。
4. 答えが分数になるとき，約分してもっとも簡単な分数にしてください。
5. 答えに根号が含まれるとき，根号の中の数はもっとも小さい正の整数にしてください。

＊解答用紙は212ページ

1 次の不等式を解きなさい。

$$|2x - 1| < 3$$

2 $x = \sqrt{5} - 2$ のとき，$x^2 + \dfrac{1}{x^2}$ の値を求めなさい。

3 2 次関数 $y = -\dfrac{1}{2}x^2 + x + \dfrac{1}{2}$ の頂点の座標を求めなさい。

4 $\triangle$ABC において，$\angle A = 60°$，$\angle B = 75°$，$AB = 3$ であるとき，$\triangle$ABC の外接円の半径を求めなさい。

5 関数 $f(x) = (3x - 2)(2x + 1)$ について，微分係数 $f'(-3)$ を求めなさい。

6 袋の中に赤玉が 2 個，白玉が 3 個入っています。この袋の中から無作為に 2 個の玉を取り出すとき，同色の玉を取り出す確率を求めなさい。

7 △ABC において，辺 BC の中点を M とし，AM の中点を N とするとき，AL：LB を求めなさい。

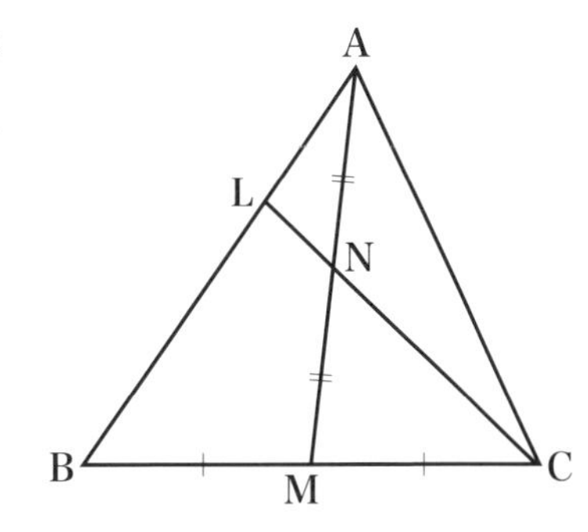

8 7 進法で $235_{(7)}$ と表されている数を 10 進法になおしなさい。

9 次の方程式を解きなさい。

$$2x^3+3x^2+3x+1=0$$

10 θ は鋭角で，$\cos\theta=\dfrac{1}{3}$ をみたすとき，次の問いに答えなさい。

① $\cos 2\theta$ の値を求めなさい。

② $\sin\dfrac{\theta}{2}$ の値を求めなさい。

解説・解答▷▶ p.143 〜 p.152

11 不等式 $4^x - 2^x - 12 < 0$ を解きなさい。

12 $a^{\frac{x}{2}} - a^{-\frac{x}{2}} = 3$ のとき，$a^x + a^{-x}$ の値を求めなさい。

13 3^5 の正の約数の和を求めなさい。

14 3点 A(1，1)，B(4，7)，C(5，−3) があります。このとき，次の問いに答えなさい。

① 線分 AB を 2：1 に内分する点を P とし，外分する点を Q とします。点 P，Q の座標を求めなさい。
② △CPQ の重心の座標を求めなさい。

15 $\vec{a} = (1,\ t,\ 4)$ と，$\vec{b} = \left(1 - t,\ \frac{5}{2}t - 1,\ 2\right)$ が平行となる t の値を求めなさい。

解説・解答▷▶ p.153 ～ p.157

第4回　数学検定

2級

2次　＜数理技能検定＞

―― 検定上の注意 ――

1. 検定時間は90分です。
2. 電卓を使用することができます。
3. 解答はすべて解答用紙に書き，解法の過程がわかるように記述してください。ただし，問題文に特別な指示がある場合は，それにしたがってください。
4. 問題1～5は選択問題です。3題を選択して，選択した問題の番号の○をぬりつぶし，解答してください。選択問題の解答は解いた順番に解答欄へ書いてもかまいません。ただし，4題以上解答した場合は採点されませんので，注意してください。問題6・7は，必須問題です。

＊解答用紙は213ページ

1 選択

素数が無限に存在することを，背理法を用いて証明しなさい。

（証明技能）

2 選択

空間の２つのベクトル$\vec{a}=(-1,\ -3,\ 2)$と$\vec{b}=(3,\ 2,\ 1)$のなす角θを求めなさい。

3 選択

５進法で表された循環小数$3.\dot{2}\dot{1}_{(5)}$を10進法の分数で表しなさい。

4 選択

関数 $y = 2^{2x+1} - 2^{x+2} + 2 - 2^{-x+2} + 2^{-2x+1}$ について，次の問いに答えなさい。

(1)　$2^x + 2^{-x} = t$ とするとき，y を t の式で表しなさい。

(2)　y の最小値を求めなさい。

5 選択

$\triangle$ABC において，AB $= 10$，AC $= 6$，$\angle$A $= 120^\circ$ であるとします。このとき，$\triangle$ABC の外心 E に対し，$\overrightarrow{AE}$ を $\overrightarrow{AB}$，$\overrightarrow{AC}$ を用いて表しなさい。　　（表現技能）

解説・解答 ▷▶ p.158 ～ p.162

6 必須

a, b, c は正の数です。このとき，次の不等式を証明しなさい。また，等号が成立する条件を示しなさい。（証明技能）

$$\frac{a+b+c}{3} \geqq \sqrt[3]{abc}$$

7 必須

放物線 $C : y = x^2$ と A(1, 2) を通る直線 ℓ との 2 つの交点を P，Q とし，C と ℓ で囲まれた面積を S とします。S が最小となるとき，点 A は線分 PQ の中点となることを証明しなさい。

解説・解答▷▶ p.164 〜 p.165

第5回　数学検定

2級

1次　＜計算技能検定＞

――― 検定上の注意 ―――

1. 検定時間は50分です。
2. 電卓・ものさし・コンパスを使用することはできません。
3. 解答用紙には答えだけを書いてください。
4. 答えが分数になるとき，約分してもっとも簡単な分数にしてください。
5. 答えに根号が含まれるとき，根号の中の数はもっとも小さい正の整数にしてください。

＊解答用紙は214ページ

1 次の式を展開して計算しなさい。

$$(x+1)(x+2)(x+3)(x+4)$$

2 次の式の2重根号をはずしなさい。

$$\sqrt{21-12\sqrt{3}}$$

3 2次関数 $y=2x^2-x+1 \ (1 \leqq x \leqq 3)$ の最小値を求めなさい。

4 $\triangle$ABCにおいて，AB $=3$，BC $=5$，$\angle$ABC $=60°$ であるとき，$\triangle$ABCの面積を求めなさい。

5 $(x-3y)^6$ の展開式で，x^4y^2 の項の係数を求めなさい。

6　正九角形の対角線の本数を求めなさい。

7　△ABCにおいて，辺ABを2：1に内分する点をL，辺BCを2：1に内分する点をM，AMとCLの交点をP，BPの延長と辺ACの交点をNとするとき，AN：NCを求めなさい。

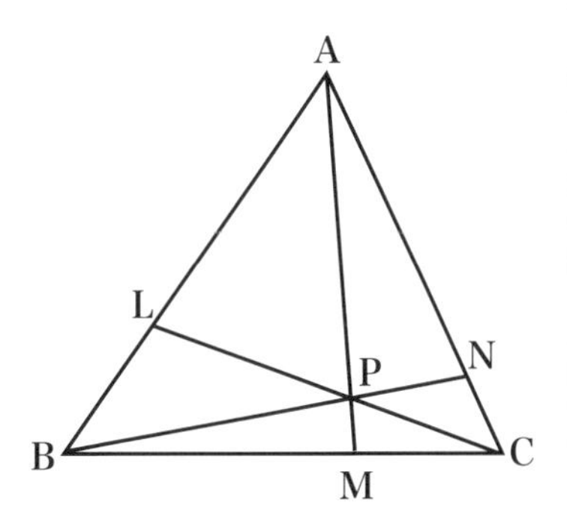

8　自然数 n と42の最大公約数が14，最小公倍数が336のとき，n を求めなさい。

9　a，b を実数とします。3次方程式 $x^3+ax^2+bx+15=0$ が虚数解 $x=2+i$ をもつとき，次の問いに答えなさい。

① a，b の値を求めなさい。

② この方程式の残りの2つの解を求めなさい。

10　$0 \leqq \theta < 2\pi$ において，不等式 $2\cos^2\theta \geqq 1-\sin\theta$ をみたす θ の範囲を求めなさい。

解説・解答▷▶ p.168 ～ p.176

11　次の連立不等式をみたす領域の面積を求めなさい。

$$\begin{cases} x^2 + y^2 \leqq 4 \\ x + y \leqq 2 \end{cases}$$

12　定積分 $\int_{\frac{1-\sqrt{5}}{2}}^{\frac{1+\sqrt{5}}{2}} (x^2 - x - 1)\, dx$ の値を求めなさい。

13　$\vec{a} = (1,\ 2)$，$\vec{b} = (3,\ 4)$，$\vec{c} = (5,\ 6)$ とします。$\vec{c} = x\vec{a} + y\vec{b}$ をみたす x，y の値を求めなさい。

14　次の数列の一般項を求めなさい。

$$0,\ 2,\ 6,\ 12,\ 20,\ 30,\ \cdots\cdots$$

15　$|\vec{a}| = 2$，$|\vec{b}| = 3$，$|\vec{a} + \vec{b}| = 4$ とします。このとき，次の問いに答えなさい。

①　内積 $\vec{a} \cdot \vec{b}$ の値を求めなさい。

②　$\vec{a} + \vec{b}$ と $\vec{a} - t\vec{b}$ が垂直であるとき，t の値を求めなさい。

解説・解答▷▶ p.176 ～ p.180

第５回　数学検定

２級

２次　〈数理技能検定〉

—— 検定上の注意 ——

1. 検定時間は90分です。
2. 電卓を使用することができます。
3. 解答はすべて解答用紙に書き，解法の過程がわかるように記述してください。ただし，問題文に特別な指示がある場合は，それにしたがってください。
4. 問題1～5は選択問題です。3題を選択して，選択した問題の番号の○をぬりつぶし，解答してください。選択問題の解答は解いた順番に解答欄へ書いてもかまいません。ただし，4題以上解答した場合は採点されませんので，注意してください。問題6・7は，必須問題です。

＊解答用紙は215ページ

1 選択　2つの集合 $A = \{3m + 5n | m,\ n$ は整数$\}$，$B = \{k | k$ は整数$\}$ について，次の問いに答えなさい。　（証明技能）

（1）$A \subset B$ を証明しなさい。

（2）$A = B$ を証明しなさい。

2 選択　次の連立方程式を解きなさい。

$$\begin{cases} 3^x - 3^y = 8 \cdot 3^2 \\ 3^{x+y} = 3^6 \end{cases}$$

3 選択　円に内接する四角形ABCDにおいて，AB = 1, BC = 2, CD = 3, DA = 4であるとき，対角線AC，BDの長さをそれぞれ求めなさい。

（測定技能）

4 選択

平行六面体 ABCD-EFGH において，△ BDE の重心を K とします。このとき，次の問いに答えなさい。

(1) $\overrightarrow{AK}$を，$\overrightarrow{AB}$，$\overrightarrow{AD}$，$\overrightarrow{AE}$を用いて表しなさい。 (表現技能)

(2) 3 点 A，K，G は同一直線上にあることを証明しなさい。

5 選択

$\log_{10}2 = 0.3010$，$\log_{10}3 = 0.4771$ とします。$\left(\frac{5}{12}\right)^{20}$ は小数第何位に初めて 0 でない数が現れるか求めなさい。また，初めて現れる 0 でない数を求めなさい。

解説・解答▷▶ p.181 ～ p.185

6 必須

次の式の分母を有理化しなさい。

$$\frac{1}{\sqrt[3]{2}+1}$$

7 必須

2つの放物線 $C_1 : y = x^2$, $C_2 : y = x^2 - 4x + 12$ について次の問いに答えなさい。

(1) C_1 と C_2 両方に接する直線 ℓ の方程式を求めなさい。

(2) C_1, C_2 と直線 ℓ で囲まれる図形の面積を求めなさい。

(測定技能)

解説・解答▷▶ p.187 〜 p.188

読んでおぼえよう解法のコツ
2級
解説・解答

本試験と同じ形式の問題5回分のくわしい解説と解答がまとめられています。鉛筆と計算用紙を用意して，特に，わからなかった問題やミスをした問題をじっくり検討してみましょう。そうすることにより，数学検定2級合格に十分な実力を身につけることができます。

大切なことは解答の誤りを見過ごさないで，単純ミスか，知識不足か，考え方のまちがいか，原因をつきとめ，二度と誤りをくり返さないようにすることです。そのため，「解説・解答」を次のような観点でまとめ，参考書として活用できるようにしました。

問題を解くときに必要な基礎知識や重要事項をまとめてあります。

小宮山先生からの一言アドバイス（ミスしやすいところ，計算のコツ，マル秘テクニック，試験対策のヒントなど）

問題を解くときのポイントとなるところ

参考になることがらや発展的，補足的なことがらなど

問題解法の原則や，問題を解くうえで，知っておくと役に立つことがらなど

（難易度）　　📖：易　　📖📖：中程度　　📖📖📖：難

第1回 1次 計算技能

1

次の式を因数分解しなさい。

$$x^4-4x^2-45$$

《式の因数分解》

x^4-4x^2-45

$=(x^2)^2-4x^2-45$　　x^2をひとつの文字とみます。

$=(x^2-9)(x^2+5)$　　和が－4，積が－45となるような2つの数を見つけます。

$=\boxed{(x+3)(x-3)(x^2+5)}$ ……答　　$a^2-b^2=(a+b)(a-b)$

因数分解の公式

$a^2\pm 2ab+b^2=(a\pm b)^2$（複号同順）

$a^2-b^2=(a+b)(a-b)$

$x^2+(a+b)x+ab=(x+a)(x+b)$

$acx^2+(ad+bc)x+bd=(ax+b)(cx+d)$

$a^2+b^2+c^2+2ab+2bc+2ca=(a+b+c)^2$

$a^3\pm 3a^2b+3ab^2\pm b^3=(a\pm b)^3$（複号同順）

$a^3\pm b^3=(a\pm b)(a^2\mp ab+b^2)$（複号同順）

$a^3+b^3+c^3-3abc$

$=(a+b+c)(a^2+b^2+c^2-ab-bc-ca)$

2

次の計算をしなさい。

$$\frac{\sqrt{3}-\sqrt{2}}{\sqrt{2}+1}+\frac{\sqrt{3}+\sqrt{2}}{\sqrt{2}-1}$$

《根号をふくむ式の計算》

$$\frac{\sqrt{3}-\sqrt{2}}{\sqrt{2}+1}+\frac{\sqrt{3}+\sqrt{2}}{\sqrt{2}-1}$$

$$=\frac{(\sqrt{3}-\sqrt{2})(\boxed{\sqrt{2}-1})+(\sqrt{3}+\sqrt{2})(\boxed{\sqrt{2}+1})}{(\sqrt{2}+1)(\sqrt{2}-1)}$$

$$=\frac{\boxed{\sqrt{6}-\sqrt{3}-2+\sqrt{2}}+\sqrt{6}+\sqrt{3}+2+\sqrt{2}}{2-1}$$

$$=\boxed{2\sqrt{6}+2\sqrt{2}}$$ ……答

分母の有理化

$a>0$, $b>0$ のとき,

$$\frac{m}{\sqrt{a}+\sqrt{b}}=\frac{m(\sqrt{a}-\sqrt{b})}{(\sqrt{a}+\sqrt{b})(\sqrt{a}-\sqrt{b})}=\frac{m(\sqrt{a}-\sqrt{b})}{a-b}$$

$$\frac{m}{\sqrt{a}-\sqrt{b}}=\frac{m(\sqrt{a}+\sqrt{b})}{(\sqrt{a}-\sqrt{b})(\sqrt{a}+\sqrt{b})}=\frac{m(\sqrt{a}+\sqrt{b})}{a-b}$$

例 $\frac{\sqrt{2}}{\sqrt{5}+\sqrt{2}}$ の分母の有理化

$$\frac{\sqrt{2}}{\sqrt{5}+\sqrt{2}}=\frac{\sqrt{2}(\sqrt{5}-\sqrt{2})}{(\sqrt{5}+\sqrt{2})(\sqrt{5}-\sqrt{2})}=\frac{\sqrt{10}-2}{3}$$

3 次の2次不等式を解きなさい。

$$x^2-4x-3>0$$

《2次不等式》

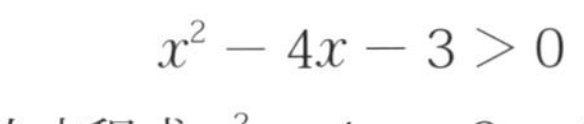

$$x^2-4x-3>0$$

2次方程式 $x^2-4x-3=0$ を

解くと　$x=2\pm\sqrt{7}$

よって，右の図から,

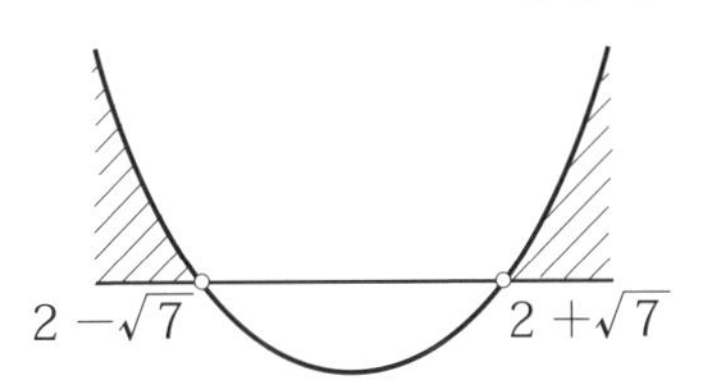

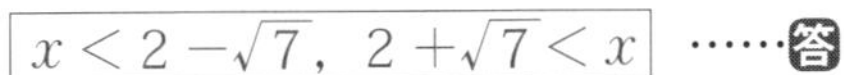

$\boxed{x<2-\sqrt{7},\ 2+\sqrt{7}<x}$ ……答

2次不等式

$f(x)=ax^2+bx+c$（$a>0$，a，b，c は実数）において，2次方程式 $f(x)=0$ の判別式を D とし，2つの実数解を α，β（$\alpha \leqq \beta$）とします。このとき，2次不等式の解は次のようになります。

	$D>0$	$D=0$	$D<0$
$y=f(x)$ のグラフ	α β x	α x	x
$ax^2+bx+c=0$ の解	$x=\alpha$，β	$x=\alpha$（重解）	実数解なし
$ax^2+bx+c>0$ の解	$x<\alpha$，$\beta<x$	α 以外のすべての実数	すべての実数
$ax^2+bx+c\geqq 0$ の解	$x\leqq\alpha$，$\beta\leqq x$	すべての実数	すべての実数
$ax^2+bx+c<0$ の解	$\alpha<x<\beta$	解なし	解なし
$ax^2+bx+c\leqq 0$ の解	$\alpha\leqq x\leqq\beta$	$x=\alpha$	解なし

4 △ABCにおいて，AB = 3，BC = 7，CA = 5であるとき，次の問いに答えなさい。

① ∠Aの大きさを求めなさい。

《三角比》

△ABCにおいて，余弦定理により，

$$\cos A=\frac{b^2+c^2-a^2}{2bc}=\frac{5^2+3^2-7^2}{2\cdot5\cdot3}$$

$$=\boxed{-\frac{1}{2}}$$

ポイント
三角形の3辺の長さが与えられているから，余弦定理を用います。

$0^\circ < \angle A < 180^\circ$ですから，

$$\angle A = \boxed{120^\circ} \quad \cdots\cdots 答$$

② △ABCの内接円の半径を求めなさい。

《三角比》

△ABCの面積をSとし，内接円の半径をrとすると，

$$S = \frac{1}{2}bc\sin A = \frac{1}{2}\cdot 5\cdot 3\cdot \boxed{\sin 120^\circ}$$

$$= \frac{15}{2}\cdot\boxed{\frac{\sqrt{3}}{2}} = \boxed{\frac{15\sqrt{3}}{4}}$$

また，$S = \frac{1}{2}r(a+b+c)$ より，

$$\boxed{\frac{15\sqrt{3}}{4}} = \frac{1}{2}r(7+5+3)$$

$$\boxed{\frac{15\sqrt{3}}{4}} = \frac{15}{2}r \qquad \therefore \quad r = \boxed{\frac{\sqrt{3}}{2}}$$ ……答

余弦定理

△ABCにおいて，次の式が成り立つ。

$$\boldsymbol{a^2 = b^2 + c^2 - 2bc\cos A}$$

$$\Leftrightarrow \quad \boldsymbol{\cos A = \frac{b^2 + c^2 - a^2}{2bc}}$$

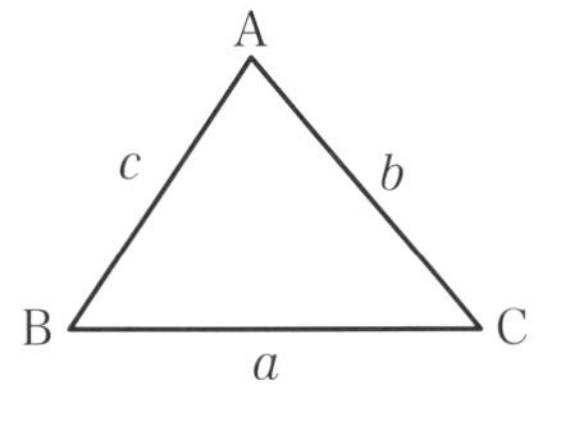

（おもな使い方） 2辺と1つの角が与えられて，もう1つの辺を求めるとき。3辺（の比）が与えられて，角を求めるとき。

内接円の半径

△ABCの面積をS，内接円の半径をrとすると，

$$\boldsymbol{S = \frac{1}{2}r(a + b + c)}$$

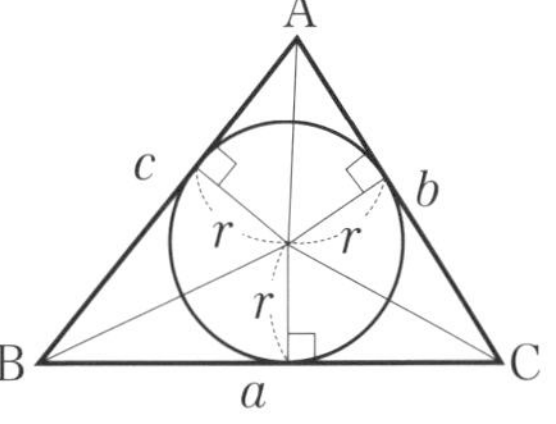

次の等式が x についての恒等式となるように，定数 a，b の値を求めなさい。

$$\frac{3x+19}{(x-3)(x+4)}=\frac{a}{x-3}+\frac{b}{x+4}$$

解説・解答 《恒等式》

$$\frac{3x+19}{(x-3)(x+4)}=\frac{a}{x-3}+\frac{b}{x+4}$$

両辺に $(x-3)(x+4)$ をかけて，

$3x+19=a\left(\boxed{x+4}\right)+b\left(\boxed{x-3}\right)$

$3x+19=\underline{\left(\boxed{a+b}\right)x+\boxed{4a-3b}}$

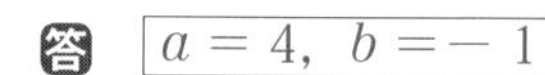

x について降べきの順に整理する。

恒等式となるとき，両辺の同じ次数の項の係数が等しいから，

$3=\boxed{a+b}$ ……①

$19=\boxed{4a-3b}$ ……②

①×3＋②より，$\boxed{28}=\boxed{7}a$

したがって，$a=\boxed{4}$

$a=\boxed{4}$を①に代入して，$b=\boxed{-1}$

答 $\boxed{a=4,\ b=-1}$

恒等式

含まれている文字にどのような数を代入しても成り立つ等式を，その文字についての**恒等式**といいます。

例 $ax^2+bx+c=a'x^2+b'x+c'$ が x についての恒等式 $\Leftrightarrow$ $a=a'$ かつ $b=b'$ かつ $c=c'$

$ax^2+bx+c=0$ が x についての恒等式

$\Leftrightarrow$ $a=b=c=0$

1次式，3次式，4次式，……についても同様。

6 箱A，B，Cに当たりくじとはずれくじが次のように入っています。ある人が3つの箱の中から無作為に1つの箱を選び，くじを1本ひいたところ，当たりくじをひきました。このとき，箱Cを選んでいた条件付き確率を求めなさい。

箱A：当たりくじ1本，はずれくじ4本
箱B：当たりくじ2本，はずれくじ3本
箱C：当たりくじ3本，はずれくじ2本

《確率》

当たりくじをひく確率は，

(箱Aを選び，当たりくじをひく)＋(箱Bを選び，当たりくじをひく)＋(箱Cを選び，当たりくじをひく)

$$=\frac{1}{3}\cdot\frac{1}{5}+\frac{1}{3}\cdot\frac{2}{5}+\boxed{\frac{1}{3}}\cdot\boxed{\frac{3}{5}}=\boxed{\frac{2}{5}}$$

このうち，箱Cを選んで，当たりくじをひく確率は，

$$\frac{1}{3}\cdot\frac{3}{5}=\boxed{\frac{1}{5}}$$

したがって，箱Cを選んでいた条件付き確率は，

$$\frac{1}{5}\div\frac{2}{5}=\boxed{\frac{1}{2}}$$ ……答

条件付き確率

2つの事象A，Bに対し，Aが起こったときにBが起こる確率を，事象Aが起こったときにBが起こる**条件付き確率**といい，$P_A(B)$と表します。

$$P_A(B)=\frac{P(A\cap B)}{P(A)}$$

また，分母を払った次の式を，**確率の乗法定理**といいます。

$$P(A\cap B)=P(A)P_A(B)$$

問題◀◀p.18～p.19

7 右の図のように，円に対して点 P から 2 本の接線をひき，接点を A，B とします。優弧 AB 上の点 C に対して∠ ACB ＝ 70°であるとき，∠ APB の大きさを求めなさい。

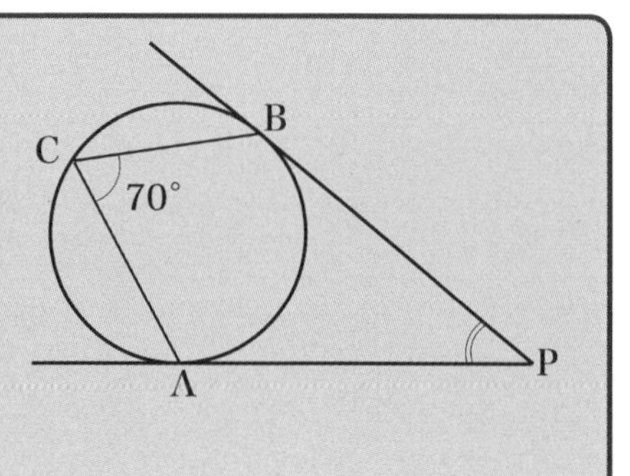

《平面図形》

円の中心を O とすると，点 A，B は接点ですから，

OA ⊥ AP，OB ⊥ BP

また，中心角と円周角の関係から，

∠ AOB ＝ 2 ∠ ACB ＝ 2 ・ 70° ＝ 140°

四角形 OAPB の内角の和は 360°ですから，

140° ＋ 90° ＋∠APB ＋ 90° ＝ 360°

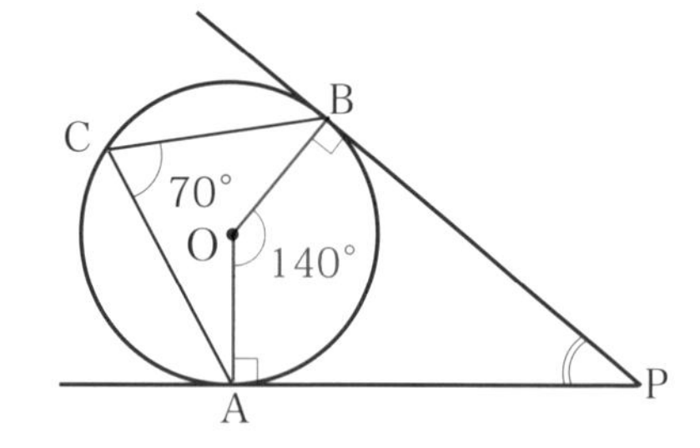

よって，

∠ APB ＝ 40° ……答

円周角の定理

① 同じ弧に対する円周角の大きさは，その弧に対する中心角の大きさの$\frac{1}{2}$です。

② 同じ弧に対する円周角の大きさはすべて等しい。

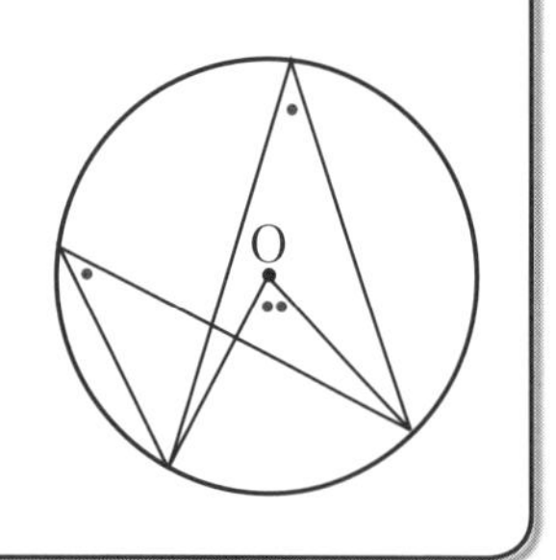

8 2^{30} を7でわったときの余りを求めなさい。

《整数》 

7でわった余りですから，7を法とする合同式を考えます。

$$2^3 \equiv 8 \equiv \boxed{1} \pmod 7$$

つまり，$2^3 \equiv \boxed{1} \pmod 7$

両辺を10乗すると，

$$2^{30} \equiv \boxed{1} \pmod 7$$

したがって，2^{30} を7でわった余りは $\boxed{1}$

合同式

2つの整数 a，b を自然数 n でわったときの余りが等しいとき，a と b は同じ剰余類に属するといいます。このとき，a と b は n を法として合同であるといい，

$$a \equiv b \pmod n$$

と表します。このとき，整数 k，自然数 m に対し，次の式が成り立ちます。

$$a + k \equiv b + k \pmod n$$

$$a - k \equiv b - k \pmod n$$

$$ak \equiv bk \pmod n$$

$$a^m \equiv b^m \pmod n$$

9 次の式を計算しなさい。

$$\frac{2x^2 - x - 1}{x^2 - 1} \div \frac{2x^2 + 5x + 2}{x^2 + 3x + 2}$$

《分数式》

$$\frac{2x^2-x-1}{x^2-1}\div\frac{2x^2+5x+2}{x^2+3x+2}$$

逆数をかけるかけ算になおします。

$$=\frac{2x^2-x-1}{x^2-1}\times\boxed{\frac{x^2+3x+2}{2x^2+5x+2}}$$

因数分解します。

$$=\frac{(2x+1)(x-1)}{(x+1)(x-1)}\times\boxed{\frac{(x+1)(x+2)}{(2x+1)(x+2)}}$$

約分します。

$=\boxed{1}$ ……答

因数分解の公式

$a^2\pm2ab+b^2=(a\pm b)^2$（複号同順）

$a^2-b^2=(a+b)(a-b)$

$x^2+(a+b)x+ab=(x+a)(x+b)$

$acx^2+(ad+bc)x+bd=(ax+b)(cx+d)$

10　αは鋭角，βは鈍角で，$\sin\alpha=\dfrac{3}{5}$，$\sin\beta=\dfrac{5}{13}$のとき，$\sin(\alpha+\beta)$の値を求めなさい。

《三角関数》 

αは鋭角で，$\sin\alpha=\dfrac{3}{5}$ですから，

$\cos\alpha=\boxed{\dfrac{4}{5}}$

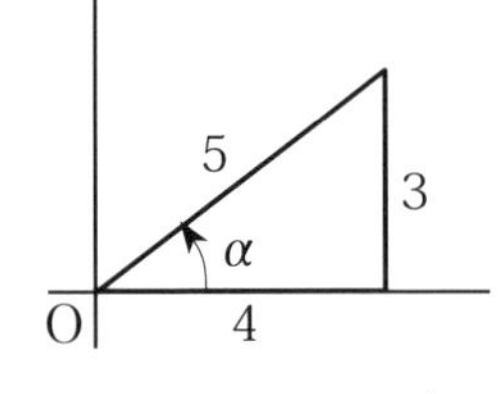

βは鈍角で，$\sin\beta=\dfrac{5}{13}$ですから，

$\cos\beta=\boxed{-\dfrac{12}{13}}$

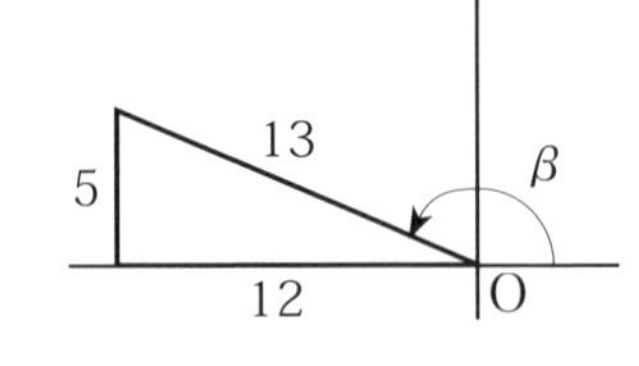

よって，

$\sin(\alpha+\beta)$

$=\sin\alpha\cos\beta+\cos\alpha\sin\beta$

$=\dfrac{3}{5}\cdot\left(\boxed{-\dfrac{12}{13}}\right)+\boxed{\dfrac{4}{5}}\cdot\dfrac{5}{13}=\boxed{-\dfrac{16}{65}}$ ……答

三角関数の加法定理

$$\sin(\alpha\pm\beta)=\sin\alpha\cos\beta\pm\cos\alpha\sin\beta$$

$$\cos(\alpha\pm\beta)=\cos\alpha\cos\beta\mp\sin\alpha\sin\beta$$

$$\tan(\alpha\pm\beta)=\frac{\tan\alpha\pm\tan\beta}{1\mp\tan\alpha\tan\beta}$$

（複号同順）

$\tan 22.5^\circ$の値を求めなさい。

《三角関数》

$22.5^\circ=\frac{45^\circ}{2}$ですから，半角の公式より，

$$\tan^2\frac{45^\circ}{2}=\frac{1-\cos45^\circ}{1+\cos45^\circ}=\frac{1-\frac{1}{\sqrt{2}}}{1+\frac{1}{\sqrt{2}}}=\frac{\sqrt{2}-1}{\sqrt{2}+1}$$

$$=\frac{(\sqrt{2}-1)^2}{(\sqrt{2}+1)(\sqrt{2}-1)}$$

$$=\frac{(\sqrt{2}-1)^2}{2-1}=(\sqrt{2}-1)^2$$

$\tan22.5^\circ>0$ ですから，

$$\tan22.5^\circ=\sqrt{2}-1$$ ……答

半角の公式

$$\sin^2\frac{\alpha}{2}=\frac{1-\cos\alpha}{2}\qquad\cos^2\frac{\alpha}{2}=\frac{1+\cos\alpha}{2}$$

$$\tan^2\frac{\alpha}{2}=\frac{1-\cos\alpha}{1+\cos\alpha}$$

12 xy 平面上の点 $(2, -1)$ と直線 $4x-3y+2=0$ との距離を求めなさい。

《点と直線の距離》

$$d=\frac{|4\times\boxed{2}-3\times\boxed{(-1)}+2|}{\sqrt{4^2+(\boxed{-3})^2}}=\frac{|\boxed{8+3+2}|}{\sqrt{\boxed{25}}}=\boxed{\frac{13}{5}}$$

答 $\boxed{\frac{13}{5}}$

点と直線との距離

$A(x_1, y_1)$ から直線 $ax+by+c=0$ に下ろした垂線の足を H とすると，

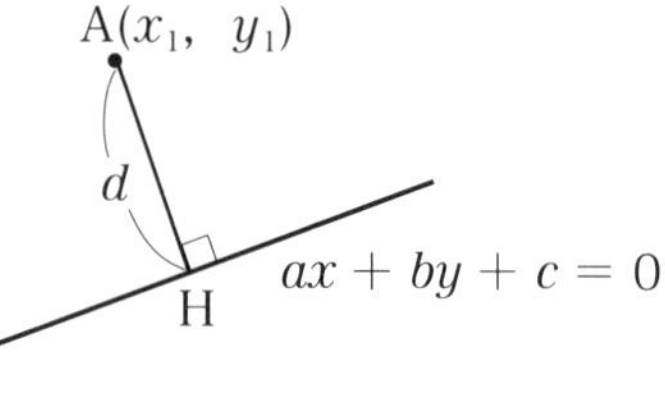

$$d=AH=\frac{|ax_1+by_1+c|}{\sqrt{a^2+b^2}}$$

13 放物線 $y=x^2-2x-3$ と x 軸とで囲まれた部分の面積を求めなさい。

《積分法》

$$y=x^2-2x-3=(x-3)(x+1)$$

ですから，この放物線と x 軸との交点の x 座標は，$x=3, -1$

また，放物線は下に凸であるから，求める面積を S とすると，

$$S=-\int_{-1}^{3}\boxed{(x^2-2x-3)}dx$$

$$=-\int_{-1}^{3}\boxed{(x-3)(x+1)}dx$$

$$=-\left(-\frac{1}{6}\right)\{\boxed{3-(-1)}\}^3=\boxed{\frac{32}{3}}$$ ……答

定積分の公式

放物線と直線，または放物線どうしで囲まれた図形の面積を求めるときなどに，次の公式を用いることがあります。

$$\int_{\alpha}^{\beta} \boldsymbol{a(x-\alpha)(x-\beta)\,dx} = -\frac{a}{6}(\beta-\alpha)^3$$

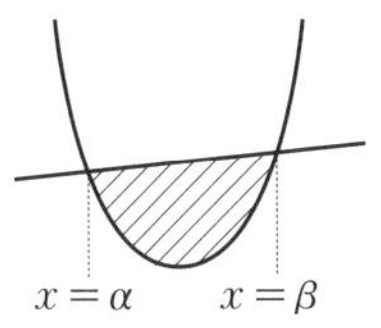

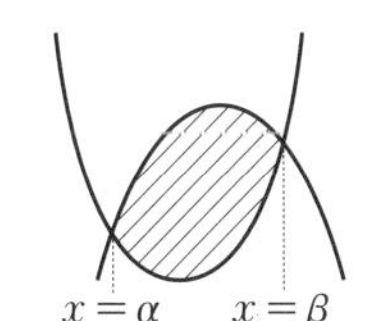

2次関数がつくる弓形の面積は，必ず公式を用いて計算しましょう。

14 第3項が1，公比が2である等比数列の第3項から第10項までの和を求めなさい。

《数列》

第3項を初項とみると，第3項から第10項までの項数は

$$10-3+\boxed{1}=\boxed{8}\ (\text{個})$$

よって，求める和は，

$$\frac{a_3(r^8-1)}{r-1}=\frac{1\cdot(\boxed{2}^8-1)}{\boxed{2}-1}=\boxed{255}$$ ……答

問題 p.20

等比数列

各項に一定の数 r をかけると次の項の値となるとき，この数列を**等比数列**といい，r を**公比**とよぶ。等比数列 $\{a_n\}$ において，$a_{n+1} = ra_n$

初項 a, 公比 r の等比数列 $\{a_n\}$ の一般項は $a_n = ar^{n-1}$

初項から第 n 項までの和 S_n は

$$S_n = \begin{cases} \dfrac{a(1-r^n)}{1-r} = \dfrac{a(r^n-1)}{r-1} & (r \neq 1) \\ na & (r = 1) \end{cases}$$

15 整式 $f(x) = x^3 - 2x^2 + 6x + 1$ について，次の問いに答えなさい。

① 不定積分 $\int f(x)\,dx$ を求めなさい。

《不定積分》

$$\int f(x)\,dx = \int (x^3 - 2x^2 + 6x + 1)\,dx$$

$$= \boxed{\frac{1}{4}}x^4 - \boxed{\frac{2}{3}}x^3 + \boxed{3}x^2 + x + C \ (C\text{は積分定数})$$

答 $\boxed{\frac{1}{4}x^4 - \frac{2}{3}x^3 + 3x^2 + x + C \ (C\text{は積分定数})}$

不定積分

n は 0 以上の整数とします。

① $\displaystyle\int x^n dx = \frac{1}{n+1}x^{n+1} + C$（$C$ は積分定数）

また，k，l を定数とするとき，

② $\displaystyle\int \{kf(x) + lg(x)\}dx$

$\displaystyle = k\int f(x)\,dx + l\int g(x)\,dx$

② **定積分 $\displaystyle\int_{-3}^{3} f(x)\,dx$ を求めなさい。**

《定積分》

x^3，$6x$ は奇関数ですから，

$\displaystyle\int_{-3}^{3} x^3 dx = \boxed{0}$，$\displaystyle\int_{-3}^{3} 6x dx = \boxed{0}$

となり，さらに，$-2x^2$，1 は偶関数ですから，

$$\int_{-3}^{3}(x^3 - 2x^2 + 6x + 1)\,dx$$

$$= \boxed{2\int_{0}^{3}(-2x^2 + 1)}\,dx$$

$$= \boxed{2}\left[\boxed{-\frac{2}{3}x^3 + x}\right]_0^3$$

$$= 2\left(\boxed{-\frac{2}{3}\times 3^3 + 3}\right) = \boxed{-30}$$

 $\boxed{-30}$

重要

定積分の公式

① $\displaystyle\int_a^a f(x)\,dx = 0$

② $\displaystyle\int_b^a f(x)\,dx = -\int_a^b f(x)\,dx$

③ $\displaystyle\int_a^c f(x)\,dx + \int_c^b f(x)\,dx = \int_a^b f(x)\,dx$

④ $\displaystyle\int_{-a}^a x^n\,dx = \begin{cases} 2\displaystyle\int_0^a x^n dx & (n：偶数) \\ 0 & (n：奇数) \end{cases}$

放物線と直線，または放物線どうしで囲まれた図形の面積を求めるときなどに，次の公式を用いることがあります。

⑤ $\displaystyle\int_\alpha^\beta a(x-\alpha)(x-\beta)\,dx = -\frac{a}{6}(\beta-\alpha)^3$

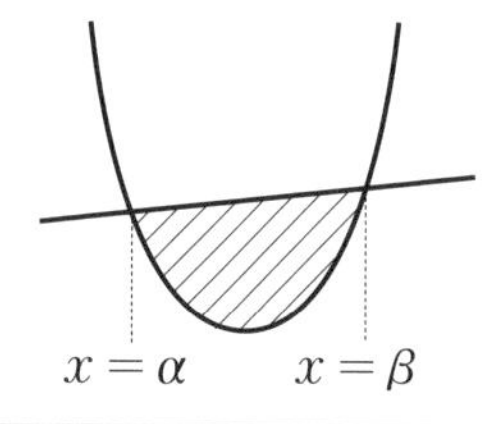

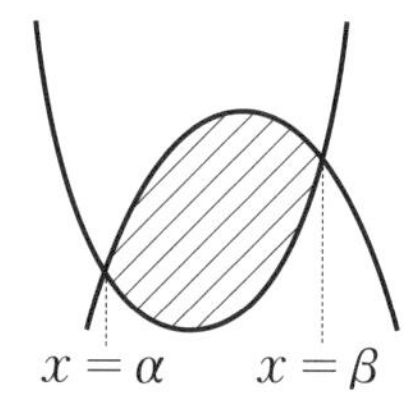

第1回 2次 数理技能

1 選択

半径 1 の円に内接する△ABC において，∠A = 30°であるとき，次の問いに答えなさい。

(1) BC の長さを求めなさい。また，∠B = θ とするとき，CA，AB の長さを θ を用いて表しなさい。 (表現技能)

《三角比》

正弦定理より，

$$\frac{BC}{\sin 30^\circ} = 2 \cdot \boxed{1}$$

ゆえに，

$$BC = 2\sin 30^\circ = 2 \cdot \boxed{\frac{1}{2}}$$

$$= \boxed{1}$$ ……答

同様に，正弦定理より，

$$CA = \boxed{2\sin\theta}$$ ……答

$$AB = \boxed{2\sin(150^\circ - \theta)}$$ ……答

↑∠C = 180° − (30° + θ)

正弦定理

△ABC の外接円の半径を R とすると，

$$\frac{a}{\sin A} = \frac{b}{\sin B} = \frac{c}{\sin C} = 2R$$

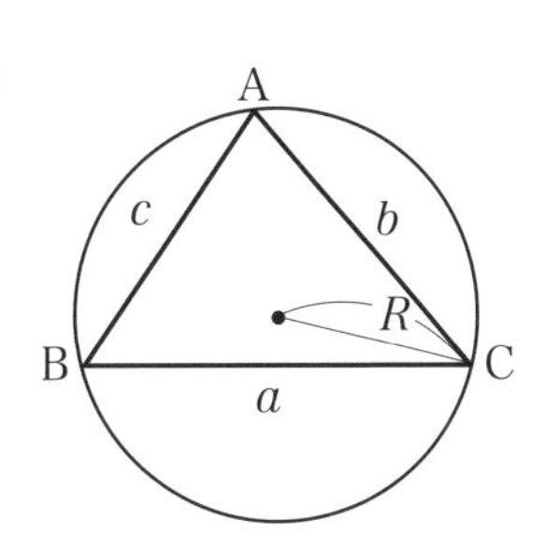

問題 p.22

(2)　△ABCの周の長さの最大値を求めなさい。

《三角関数》

△ABCの周の長さをℓとすると,

$$\ell = AB + BC + CA$$
$$= 2\sin(150^\circ - \theta) + 1 + 2\sin\theta$$
$$= 2\{\sin\theta + \sin(150^\circ - \theta)\} + 1$$

和積変換の公式より,

$$\ell = 2 \cdot 2\sin\boxed{\frac{\theta + (150^\circ - \theta)}{2}} \cdot \cos\boxed{\frac{\theta - (150^\circ - \theta)}{2}} + 1$$
$$= 4\sin 75^\circ \cos(\theta - 75^\circ) + 1$$

三角形の内角の和は180°ですから，$0^\circ < \theta < 150^\circ$で,

$$-75^\circ < \theta - 75^\circ < 75^\circ$$

より，$\theta - 75^\circ = 0^\circ$のとき，$\cos(\theta - 75^\circ) = \cos 0^\circ = 1$となるから，$\ell$は最大となります。

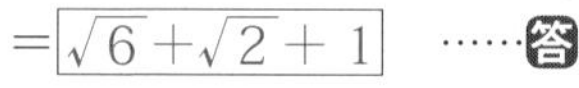

したがって，最大値は,

$$4\sin 75^\circ \cdot 1 + 1$$
$$= 4\sin(45^\circ + 30^\circ) + 1$$
$$= 4(\boxed{\sin 45^\circ \cos 30^\circ} + \cos 45^\circ \sin 30^\circ) + 1$$

加法定理により

$$= 4\left(\boxed{\frac{1}{\sqrt{2}} \cdot \frac{\sqrt{3}}{2}} + \frac{1}{\sqrt{2}} \cdot \frac{1}{2}\right) + 1$$
$$= \boxed{\sqrt{6} + \sqrt{2} + 1}$$ ……答

三角関数の公式により式を変形し，ℓが最大になるときの条件を考えます。

三角関数の加法定理

$$\sin(\alpha \pm \beta) = \sin\alpha\cos\beta \pm \cos\alpha\sin\beta$$
$$\cos(\alpha \pm \beta) = \cos\alpha\cos\beta \mp \sin\alpha\sin\beta$$
$$\tan(\alpha \pm \beta) = \frac{\tan\alpha \pm \tan\beta}{1 \mp \tan\alpha\tan\beta}$$ （複号同順）

和積変換

$$\sin A + \sin B = 2\sin\frac{A+B}{2}\cos\frac{A-B}{2}$$

$$\sin A - \sin B = 2\cos\frac{A+B}{2}\sin\frac{A-B}{2}$$

$$\cos A + \cos B = 2\cos\frac{A+B}{2}\cos\frac{A-B}{2}$$

$$\cos A - \cos B = -2\sin\frac{A+B}{2}\sin\frac{A-B}{2}$$

2 選択 **放物線 $y = x^2$ 上の点 P と，直線 $x - 2y - 5 = 0$ 上の点との距離の最小値を求めなさい。また，そのときの点 P の座標を求めなさい。**

解説・解答 《放物線上の点と直線との距離》

放物線 $y = x^2$ 上の点 P の座標を $(t,\ t^2)$ と表します。

このとき，点 $\mathrm{P}(t,\ t^2)$ と直線 $x - 2y - 5 = 0$ との距離 d は，

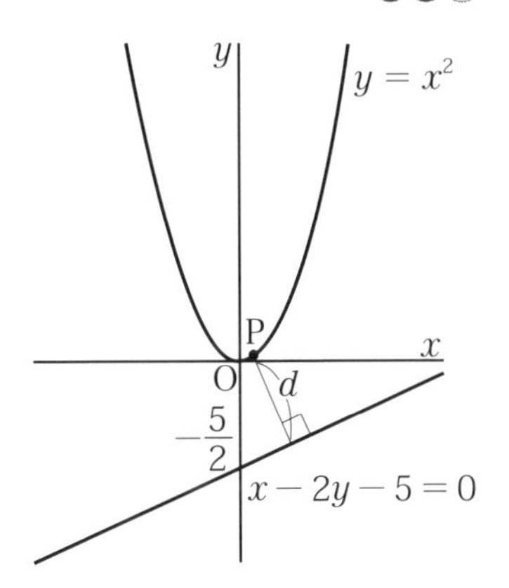

$$\begin{aligned} d &= \frac{|t - 2t^2 - 5|}{\sqrt{1^2 + (-2)^2}} \\ &= \frac{|2t^2 - t + 5|}{\sqrt{5}} \\ &= \frac{1}{\sqrt{5}}\left|2\left(t - \frac{1}{4}\right)^2 - \boxed{\frac{1}{8}} + 5\right| \\ &= \frac{1}{\sqrt{5}}\left|2\left(t - \frac{1}{4}\right)^2 + \frac{39}{8}\right| \\ &= \frac{1}{\sqrt{5}}\left\{2\left(t - \frac{1}{4}\right)^2 + \frac{39}{8}\right\} \end{aligned}$$

$2\left(t - \frac{1}{4}\right)^2 + \frac{39}{8} > 0$ ですから，絶対値の記号はとり外すことができます。

したがって，d は $t = \boxed{\frac{1}{4}}$ のとき最小値となり，最小値は，

$$\frac{1}{\sqrt{5}} \cdot \boxed{\frac{39}{8}} = \boxed{\frac{39\sqrt{5}}{40}}$$

問題 p.22

また，このときの点Pの座標は，$\left(\boxed{\dfrac{1}{4}},\ \boxed{\dfrac{1}{16}}\right)$

答 最小値 $\boxed{\dfrac{39\sqrt{5}}{40}}$

点Pの座標 $\boxed{\left(\dfrac{1}{4},\ \dfrac{1}{16}\right)}$

点と直線との距離

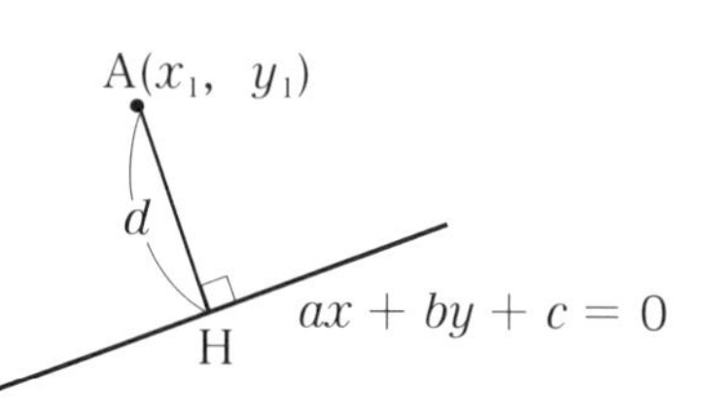

A $(x_1,\ y_1)$ から直線 $ax + by + c = 0$ に下ろした垂線の足をHとすると，

$$d = \mathrm{AH} = \frac{|ax_1 + by_1 + c|}{\sqrt{a^2 + b^2}}$$

d (AH) は，点Aと直線 $ax + by + c = 0$ との距離です。

とくに，原点Oと直線 $ax + by + c = 0$ との距離OHは，

$$d = \mathrm{OH} = \frac{|c|}{\sqrt{a^2 + b^2}}$$

例 点A(2, 3) と直線 $x - 2y - 4 = 0$ との距離

上の公式より，

$$d = \frac{|1\cdot 2 - 2\cdot 3 - 4|}{\sqrt{1^2 + (-2)^2}}$$

$$= \frac{8}{\sqrt{5}}$$

$$= \frac{8\sqrt{5}}{5}$$

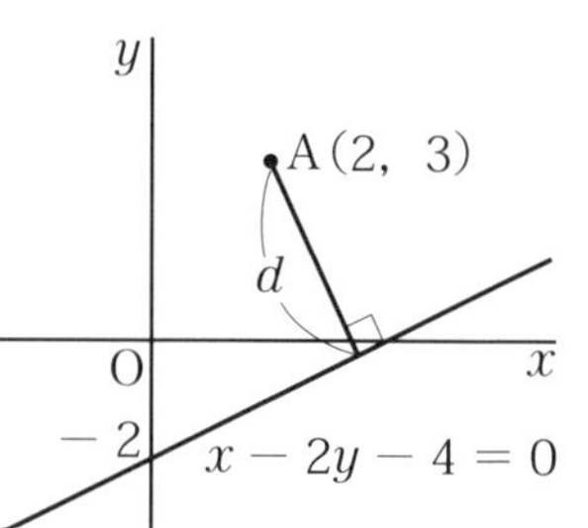

3 選択 次の問いに答えなさい。

(1) 等式 $(m^2-n^2)^2+(2mn)^2=(m^2+n^2)^2$ が成り立つことを証明しなさい。 (証明技能)

解説・解答 《等式の証明》

(左辺)−(右辺)

$=(m^2-n^2)^2+(2mn)^2-(m^2+n^2)^2$

$=\boxed{m^4-2m^2n^2+n^4+4m^2n^2}-(\boxed{m^4+2m^2n^2+n^4})$

$=0$

よって，(左辺)＝(右辺) が成り立つから，

$$(m^2-n^2)^2+(2mn)^2=(m^2+n^2)^2$$

が成り立つ。

重要 **展開の公式**

$(a\pm b)^2=a^2\pm 2ab+b^2$ (複号同順)

$(a+b)(a-b)=a^2-b^2$

$(x+a)(x+b)=x^2+(a+b)x+ab$

$(ax+b)(cx+d)=acx^2+(ad+bc)x+bd$

$(a+b+c)^2=a^2+b^2+c^2+2ab+2bc+2ca$

$(a\pm b)^3=a^3\pm 3a^2b+3ab^2\pm b^3$ (複号同順)

$(a\pm b)(a^2\mp ab+b^2)=a^3\pm b^3$ (複号同順)

$(a+b+c)(a^2+b^2+c^2-ab-bc-ca)$
$=a^3+b^3+c^3-3abc$

(2) 自然数 a，b，c に対して，$a^2+b^2=c^2$ をみたす $(a,\ b,\ c)$ の組をピタゴラス数とよびます。たとえば，(3，4，5) や (5，12，13) などです。これ以外のピタゴラス数を1組求めなさい。ただし，$a<b<c$ とし，a，b，c の最大公約数は1とします。

問題◀◀ p.22

解説・解答 《整数》

（1）の等式の（m，n）（$m>n$）に，具体的な値を代入していきます。

$(m,\ n)=(2,\ 1)$ のとき，

$$(2^2-1^2)^2+(2\cdot2\cdot1)^2=(2^2+1^2)^2$$
$$3^2+4^2=5^2$$

これは例と同じです。

$(m,\ n)=(3,\ 1)$ のとき，

$$(3^2-1^2)^2+(2\cdot3\cdot1)^2=(3^2+1^2)^2$$
$$8^2+6^2=10^2$$

これは，a，b，c の最大公約数が 1 であることに反します。

$(m,\ n)=(3,\ 2)$ のとき，

$$(3^2-2^2)^2+(\boxed{2\cdot3\cdot2})^2=(3^2+2^2)^2$$
$$5^2+12^2=13^2$$

これは例と同じです。

$(m,\ n)=(4,\ 1)$ のとき，

$$(4^2-1^2)^2+(\boxed{2\cdot4\cdot1})^2=(4^2+1^2)^2$$
$$15^2+8^2=17^2$$

したがって，$(a,\ b,\ c)=\boxed{(8,\ 15,\ 17)}$ ……答

※（7，24，25）など他にも無数にあります。

4 選択

関数 $y=\sin^2x+2\sin x\cos x+3\cos^2x$ の最大値と最小値を求めなさい。

《三角関数》

$y=\sin^2x+2\sin x\cos x+3\cos^2x$ に，

ポイント 2倍角（半角）の公式より

$$\sin^2x=\frac{1-\cos2x}{2},\quad \sin x\cos x=\frac{1}{2}\sin2x,$$

$$\cos^2x=\frac{1+\cos2x}{2}$$

を代入すると，

$$y=\frac{1-\cos 2x}{2}+2\cdot\frac{1}{2}\sin 2x+3\cdot\frac{1+\cos 2x}{2}$$
$$=\sin 2x+\cos 2x+2$$

合成すると，

$$y=\boxed{\sqrt{2}\sin\left(2x+\frac{\pi}{4}\right)}+2$$

xは任意ですから，

$$\boxed{-1}\leqq\sin\left(2x+\frac{\pi}{4}\right)\leqq\boxed{1}$$

$$\boxed{-\sqrt{2}}\leqq\sqrt{2}\sin\left(2x+\frac{\pi}{4}\right)\leqq\boxed{\sqrt{2}}$$

$$\boxed{2-\sqrt{2}}\leqq\sqrt{2}\sin\left(2x+\frac{\pi}{4}\right)+2\leqq\boxed{2+\sqrt{2}}$$

ゆえに，

最大値は$\boxed{2+\sqrt{2}}$，最小値は$\boxed{2-\sqrt{2}}$ ……答

2倍角の公式

$$\sin 2\alpha=2\sin\alpha\cos\alpha$$
$$\cos 2\alpha=\cos^2\alpha-\sin^2\alpha$$
$$=2\cos^2\alpha-1=1-2\sin^2\alpha$$
$$\tan 2\alpha=\frac{2\tan\alpha}{1-\tan^2\alpha}$$

半角の公式

$$\sin^2\frac{\alpha}{2}=\frac{1-\cos\alpha}{2}$$
$$\cos^2\frac{\alpha}{2}=\frac{1+\cos\alpha}{2}$$
$$\tan^2\frac{\alpha}{2}=\frac{1-\cos\alpha}{1+\cos\alpha}$$

問題◀◀p.23

x，y が次の 4 つの不等式 $x \geqq 0$，$y \geqq 0$，$3x-2y+4 \geqq 0$，$5x+4y-30 \leqq 0$ を満たすとき，$x+2y$ の最大値を求めなさい。

解説・解答 《領域》 

直線 $3x-2y+4=0$ と y 軸との交点の座標は（0，2）
直線 $5x+4y-30=0$ と x 軸との交点の座標は（6，0）
直線 $3x-2y+4=0$ と
直線 $5x+4y-30=0$ と
の交点の座標は（2，5）
となるから，与えられた不等式の表す領域 D は，
4 点（0，0），（6，0），（2，5），（0，2）を頂点とする四角形の内部とその周上です。

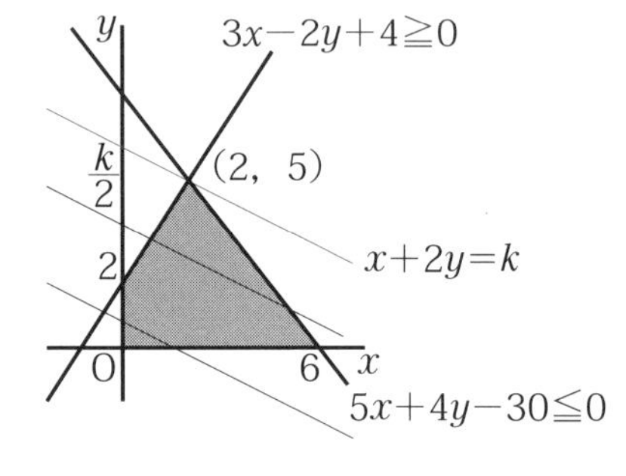

$x+2y=k$ ………①

とおくと，①は傾き $-\frac{1}{2}$，y 切片が $\frac{k}{2}$ の直線です。

k が最大値をとるのは，直線①と領域 D が共有点をもつ範囲で，y 切片が最大となるときです。
グラフから，直線①が点（2，5）を通るとき，y 切片は最大となります。
したがって，k の最大値は，$x=$ 2，$y=$ 5 のとき
$k=$ $2+2\times5$ $=$ 12

 12

まずは領域を図示して，y 切片が最大となる直線は領域の中のどの点を通るときかを考えましょう。

AKAKABUの7文字から4文字をとって1列に並べる並べ方は何通りありますか。

解説・解答 《場合の数》

AKAKABUは，A3個と，K2個，B，Uが1個ずつですから，4文字の取り出し方は，次のいずれかになります。ただし，同じ記号は同じ文字とします。

① ○○○× ② ○○×× ③ ○○×△ ④ ○×△□

①の場合

○に入る文字はAのみで1通り。×に入る文字は，K，B，Uの3通りですから，文字の選び方は 1×3 より3通り。そしてその並び方は4個の中に同じものが3個あるので，$\frac{4!}{3!} = 4$ より，4通り。よって，$1 \times 3 \times 4 = \boxed{12}$（通り）

②の場合

○，×に入る文字はA，Kのいずれかで，${}_2C_2 = 1$ より，1通り。そして，その並び方は，4個の中に同じものが2個ずつあるので，$\frac{4!}{2!\,2!} = \frac{4 \cdot 3 \cdot 2 \cdot 1}{2 \cdot 1 \cdot 2 \cdot 1} = 6$ より，6通り。よって，$1 \times 6 = \boxed{6}$（通り）

③の場合

○に入る文字は，AかKで，${}_2C_1 = 2$ より，2通り。×，△に入る文字は○に使わなかったAかKと，B，Uで ${}_3C_2 = 3$ より，3通りですから，文字の選び方は 2×3 より6通り。そして，その並べ方は，4個の中に同じものが2個あるので，$\frac{4!}{2!} = \frac{4 \cdot 3 \cdot 2 \cdot 1}{2 \cdot 1} = 12$ より，12通り。よって，$6 \times 12 = \boxed{72}$（通り）

④の場合

○×△□に入る文字は，A，K，B，Uで，${}_4C_4 = 1$ より，1通り。そして，並べ方は，$4! = 4 \cdot 3 \cdot 2 \cdot 1 = \boxed{24}$（通り）

以上より，①，②，③，④の場合を合計すると，

$$\boxed{12+6+72+24}=\boxed{114}\text{（通り）}$$

答 $\boxed{114}$ 通り

順列の総数

異なる n 個から r 個を取り出して並べる順列の数は，

$$_n\mathrm{P}_r = \underbrace{n(n-1)(n-2)\cdots\cdots(n-r+1)}_{r\text{ 個の数の積}}$$

同じものを含む順列の総数

n 個のもののうち，p 個は同じもの，q 個は別の同じもの，r 個はまた別の同じもの，……であるとき，これら n 個のもの全部を 1 列に並べる順列の数は，

$$\frac{n!}{p!q!r!\cdots\cdots}\quad(\text{ただし，}p+q+r+\cdots\cdots=n)$$

7

放物線 $C:y=\frac{1}{4}x^2$ に対し，直線 $\ell:y=-1$ 上の点Pからひいた2本の接線の接点をそれぞれA，Bとします。このとき∠APBは点Pの位置と無関係につねに一定であることを証明しなさい。　（証明技能）

解説・解答 《放物線と直線》

点Pの座標を $(t,-1)$ とする。直線 $x=t$ は放物線 C に接することはないので，Pを通る直線の傾きを m とすると，

$$y+1=m(x-t)$$

$$y=mx-mt-1$$

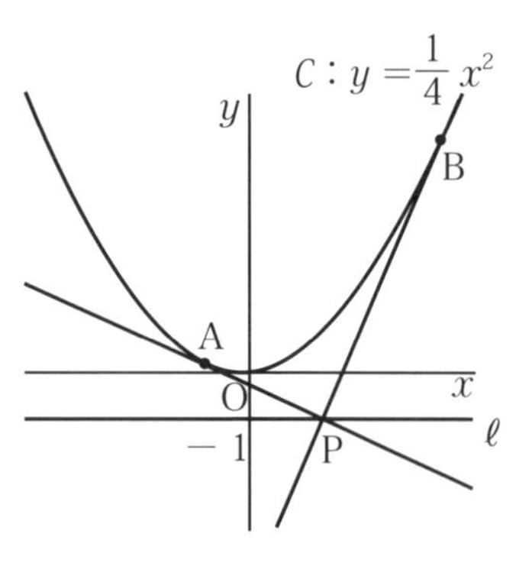

これが，$C:y=\frac{1}{4}x^2$ と接するとき，

方程式：$\boxed{\frac{1}{4}x^2} = mx - mt - 1$ は重解をもつ。

$$\boxed{\frac{1}{4}x^2} - mx + mt + 1 = 0$$

重解をもつから $D = 0$　ポイント

判別式を D とすると，

$$D = (-m)^2 - 4 \cdot \frac{1}{4}(mt + 1) = 0$$

$$\boxed{m^2 - tm - 1} = 0$$

この式を m についての 2 次方程式とみて，2 つの解を m_1，m_2 とおくと，解と係数の関係から，

$$m_1 \cdot m_2 = \boxed{-1}$$

m_1, m_2 は点 P を通る C の 2 本の接線の傾きを表しているから，この 2 接線 m_1，m_2 は $\boxed{\text{直交}}$ している。

よって，∠APB は点 P の位置と無関係に，つねに 90°で一定となる。

放物線と直線の共有点

放物線 $C : y = ax^2 + bx + c$ と直線 $\ell : y = mx + n$ の共有点の x 座標は，2 次方程式 $ax^2 + bx + c = mx + n$ の解として表される。この 2 次方程式の判別式を D とする。

D の符号	$D > 0$	$D = 0$	$D < 0$
グラフ	C, ℓ	C, ℓ	C, ℓ
C と ℓ の位置関係	異なる 2 点で交わる	1 点で接する	共有点をもたない

第2回 1次 計算技能

1

次の式を展開しなさい。

$$(a-b)(a+b)(a^2+b^2)(a^4+b^4)$$

解説・解答 《式の展開》

$(a-b)(a+b)(a^2+b^2)(a^4+b^4)$

$=(a^2-b^2)(a^2+b^2)(a^4+b^4)$ 　→ $\{(a^2)^2-(b^2)^2\}(a^4+b^4)$

$=(a^4-b^4)(a^4+b^4)$ 　→ $(a^4)^2-(b^4)^2$

$=a^8-b^8$ ……答

ワンポイント・アドバイス

公式 $(a-b)(a+b)=a^2-b^2$ をくり返し用います。

2

次の計算をしなさい。

$$(2+\sqrt{3}-\sqrt{6})(2-\sqrt{3}+\sqrt{6})$$

解説・解答 《式の展開》

$(2+\sqrt{3}-\sqrt{6})(2-\sqrt{3}+\sqrt{6})$

$=\{(2+(\sqrt{3}-\sqrt{6})\}\{2-(\sqrt{3}-\sqrt{6})\}$ 　→ $(a+b)(a-b)=a^2-b^2$

$=2^2-(\sqrt{3}-\sqrt{6})^2$ 　→ $(a-b)^2=a^2-2ab+b^2$ より

$=4-\{(\sqrt{3})^2-2\sqrt{3}\times\sqrt{6}+(\sqrt{6})^2\}$

$=4-(9-2\sqrt{18})$

$=-5+2\sqrt{18}$ 　→ $\sqrt{18}=\sqrt{2\times3^2}=3\sqrt{2}$

$=-5+6\sqrt{2}$ ……答

展開の公式

$$(a+b)^2 = a^2 + 2ab + b^2$$
$$(a-b)^2 = a^2 - 2ab + b^2$$
$$(a+b)(a-b) = a^2 - b^2$$
$$(x+a)(x+b) = x^2 + (a+b)x + ab$$

3 aは定数とし，2次関数$y = 2x^2 + 2ax + a^2 - a + 1$の最小値を$m(a)$とする。$m(a)$の最小値を求めなさい。

《2次関数》

平方完成により，

$$\begin{aligned} y &= 2x^2 + 2ax + a^2 - a + 1 \\ &= 2(x^2 + ax) + a^2 - a + 1 \\ &= 2\left\{\left(\boxed{x + \frac{a}{2}}\right)^2 - \frac{a^2}{4}\right\} + a^2 - a + 1 \\ &= 2\left(\boxed{x + \frac{a}{2}}\right)^2 - \frac{a^2}{2} + a^2 - a + 1 \\ &= 2\left(\boxed{x + \frac{a}{2}}\right)^2 + \boxed{\frac{a^2}{2} - a + 1} \end{aligned}$$

$y = 2x^2 + 2ax + a^2 - a + 1$のグラフは下に凸の放物線で，定義域が限定されていないから，頂点で最小値をとります。

よって，

$$m(a) = \boxed{\frac{a^2}{2} - a + 1} \quad \cdots\cdots ①$$

①を平方完成すると，

$$m(a) = \frac{a^2}{2} - a + 1$$

$$= \frac{1}{2}(\boxed{a^2 - 2a}) + 1$$

問題◀◀p.26

$=\dfrac{1}{2}\{(\boxed{a-1})^2-1\}+1$

$=\dfrac{1}{2}(\boxed{a-1})^2-\dfrac{1}{2}+1=\dfrac{1}{2}(\boxed{a-1})^2+\dfrac{1}{2}$

$m(a)=\dfrac{a^2}{2}-a+1$ のグラフは，下に凸の放物線で，a の範囲が限定されていないので，頂点で最小値をとります。

よって，$m(a)$ の最小値は，$\boxed{\dfrac{1}{2}}$ ……答

2次関数の最大・最小

まず，$y=ax^2+bx+c$ $(a \neq 0)$ を平方完成し，$y=a(x-p)^2+q$ に変形します。

① 定義域に制限がない場合

・$a>0$ のとき，$x=p$ で最小値 q，最大値なし

・$a<0$ のとき　$x=p$ で最大値 q，最小値なし

② 定義域に制限がある場合

軸と定義域の位置関係によって，場合分けをします。

・$a>0$ のとき

$f(x)=a(x-p)^2+q$ $(\alpha \leqq x \leqq \beta)$ について，次のようになります。

最小値

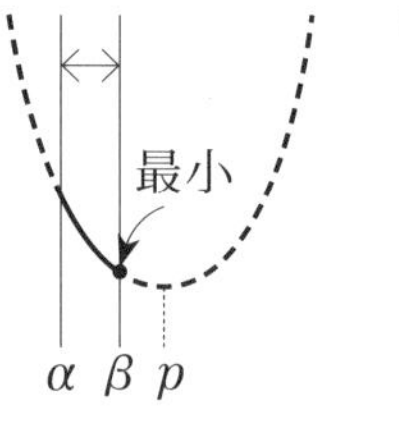

$\beta \leqq p$ のとき，$x=\beta$ で最小値 $f(\beta)$

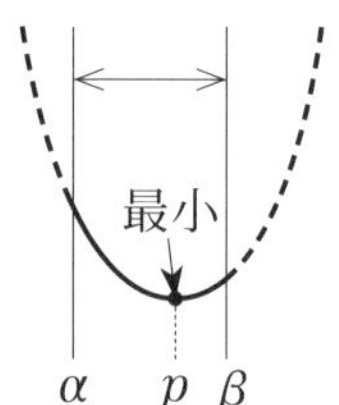

$\alpha \leqq p \leqq \beta$ のとき，$x=p$ で最小値 q

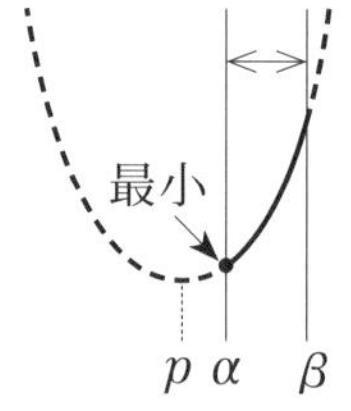

$p \leqq \alpha$ のとき，$x=\alpha$ で最小値 $f(\alpha)$

この場合分けのしかたは，$a<0$ のときの最大値も同様です。

最大値

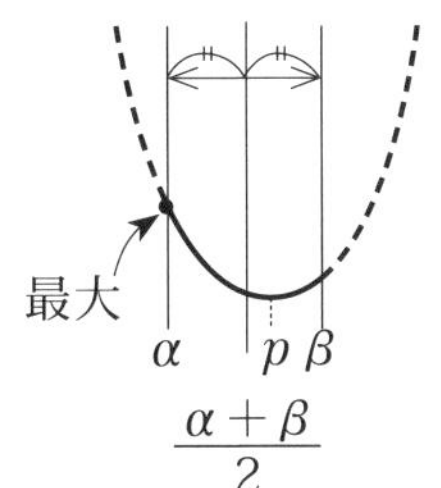

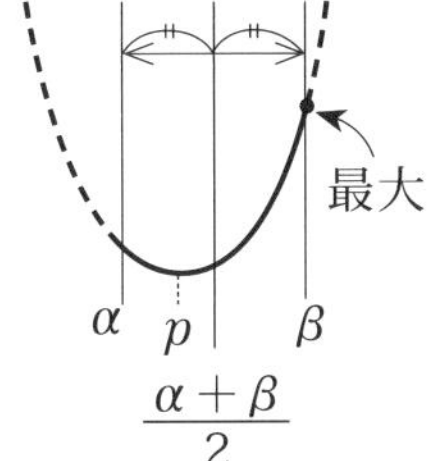

$\dfrac{\alpha+\beta}{2} \leqq p$ のとき，
$x=\alpha$ で最大値 $f(\alpha)$

$p \leqq \dfrac{\alpha+\beta}{2}$ のとき，
$x=\beta$ で最大値 $f(\beta)$

この場合分けのしかたは，$a<0$ のときの最小値も同様です。

△ABC において，AB ＝ 3，AC ＝ 2，∠A ＝ 60°で，∠A の二等分線と辺 BC との交点を D とするとき，AD の長さを求めなさい。

《三角比》

AD は角の二等分線の長さで，角度が与えられているから，面積分割を考えます。

△ABD ＋△ACD ＝△ABC より，

$$\frac{1}{2}\cdot \mathrm{AB}\cdot \mathrm{AD}\cdot \sin 30^\circ$$
$$+\frac{1}{2}\cdot \mathrm{AC}\cdot \mathrm{AD}\cdot \sin 30^\circ$$
$$=\frac{1}{2}\cdot \mathrm{AB}\cdot \mathrm{AC}\cdot \sin 60^\circ$$

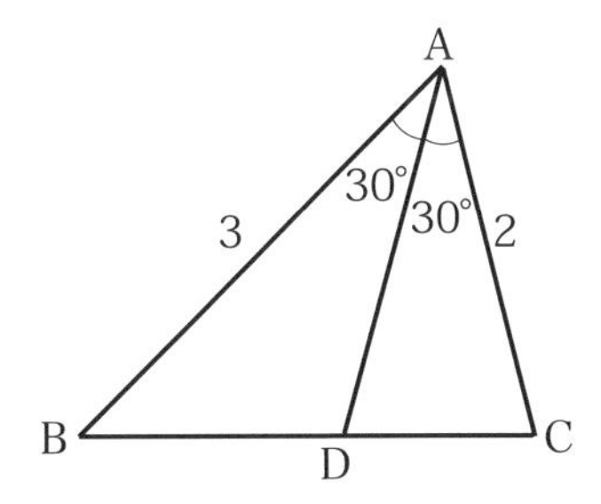

したがって，

$$\frac{1}{2}\cdot 3\cdot \mathrm{AD}\cdot \frac{1}{2}+\frac{1}{2}\cdot 2\cdot \mathrm{AD}\cdot \frac{1}{2}=\frac{1}{2}\cdot 3\cdot 2\cdot \boxed{\frac{\sqrt{3}}{2}}$$

$$\frac{5}{4}\,\mathrm{AD}=\boxed{\frac{3\sqrt{3}}{2}}$$

$$\therefore\quad \mathrm{AD}=\boxed{\frac{6\sqrt{3}}{5}}\quad\cdots\cdots 答$$

三角形の面積

三角形において，2 辺とその間の角が与えられているとき，その三角形の面積 S は，次の式で求められます。

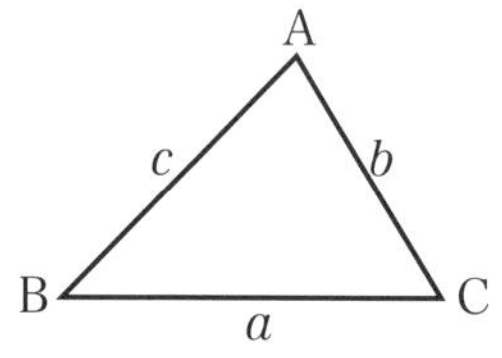

$$S=\frac{1}{2}\,bc\sin A=\frac{1}{2}\,ca\sin B=\frac{1}{2}\,ab\sin C$$

5 $(a+b+c)(ab+bc+ca)-abc$ を因数分解しなさい。

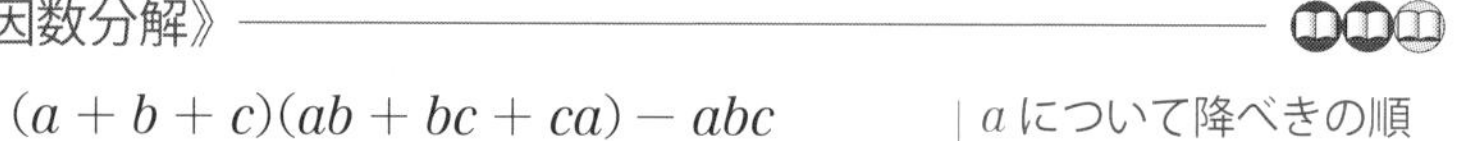

《因数分解》

$(a+b+c)(ab+bc+ca)-abc$

$=\{a+(b+c)\}\{(b+c)a+bc\}-bc\cdot a$

$=(b+c)a^2+\{(b+c)^2+bc\}a+(b+c)bc-bc\cdot a$

$=(\boxed{b+c})a^2+(\boxed{b+c})^2a+(\boxed{b+c})bc$

$=\boxed{(b+c)}\ \{a^2+(b+c)a+bc\}$

$=\boxed{(b+c)(a+b)(a+c)}$

$=\boxed{(a+b)(b+c)(c+a)}\quad\cdots\cdots 答$

a について降べきの順に整理します。

$(b+c)$ でくくります。

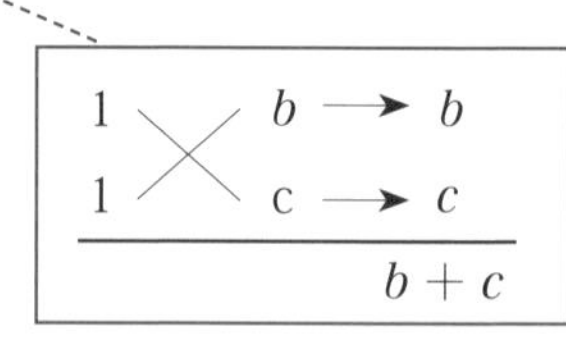

因数分解

因数分解には，いろいろな方法があります。

① 共通因数があればそれでくくる。

② 公式を利用する。

③ 1つの文字で置き換えてから，①，②の方法を用いる。

④ 次数がもっとも低い文字について整理する。

例 $x^3-x^2y+x^2+y$

$=(-x^2+1)y+(x^3+x^2)$

$=-(x-1)(x+1)y+x^2(x+1)$

$=(x+1)\{x^2-(x-1)y\}$

$=(x+1)(x^2-xy+y)$

⑤ 一部分を因数分解する。

⑥ 因数定理を用いる。

ほかに，2次方程式の解を使うなどの方法があります。

1次試験では因数分解の問題がよく出題されるので，公式をしっかり覚え，いろいろな解き方に慣れておきましょう。

6 9人の生徒を3人ずつ3グループに分けるとき，その分け方は何通りありますか。

《組合せ》

仮に3グループをA，B，Cとします。

このとき，9人からAに3人選ぶ方法は，$_9C_3 = \boxed{\frac{9\cdot8\cdot7}{3\cdot2\cdot1}} =$ $\boxed{84}$（通り），残りの6人からBに3人選ぶ方法は，$\boxed{_6C_3} = \boxed{\frac{6\cdot5\cdot4}{3\cdot2\cdot1}}$ $= \boxed{20}$（通り），残りの3人がCグループになります。

したがって，3グループをA，B，Cとして分けたときの分け方の数は，$84 \times 20 \times 1$（通り）です。

ところで，実際にはグループ名をつけて分けないので，上の場合の数には，$\boxed{3}! = \boxed{6}$（通り）の重複があります。

したがって，求める分け方の数は，

$$\frac{\boxed{84 \times 20}}{\boxed{6}} = \boxed{280}\text{（通り）}$$

答 $\boxed{280通り}$

順列

異なる n 個のものの中から，異なる r 個を取り出して並べる順列を，n 個から r 個を取る順列といい，その総数を $_n\mathrm{P}_r$ と表します。

$$_n\mathrm{P}_r = n(n-1)(n-2)\cdots\cdots(n-r+1)$$

とくに，$r = n$ のとき，

$$_n\mathrm{P}_n = n! = n(n-1)(n-2)\cdots\cdots3\cdot2\cdot1$$

組合せ

n 個から r 個を取る組合せの総数 $_n\mathrm{C}_r$ は，

$$_n\mathrm{C}_r = \frac{_n\mathrm{P}_r}{r!} = \frac{n(n-1)(n-2)\cdots\cdots(n-r+1)}{r(r-1)(r-2)\cdots\cdots3\cdot2\cdot1}$$

$$_n\mathrm{C}_r = \frac{n!}{r!(n-r)!} \quad \text{（ただし，}_n\mathrm{C}_n = {_n\mathrm{C}_0} = 1\text{）}$$

7 右の図において，
x の値を求めなさい。

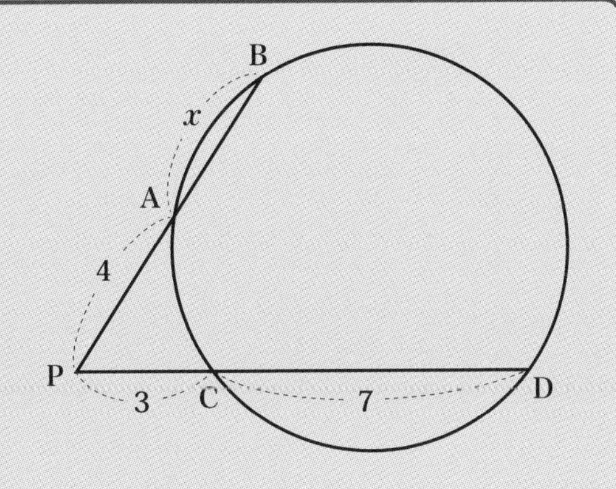

《方べきの定理》

方べきの定理より，

PA・PB ＝ PC・PD

$4\ (\boxed{4+x})=3\ (\boxed{3+7})$

$4\ (\boxed{4+x})=30$

$2\ (\boxed{4+x})=15$

$8+2x=15$

$2x=7$

$x=\boxed{\frac{7}{2}}$

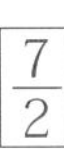

$4\cdot x=3\cdot 7$
のようなミスをしないようにしましょう。

方べきの定理

点Pを通る2直線AB，CDにおいて，4点A，B，C，Dが同一円周上にある。

$\Leftrightarrow$ PA・PB = PC・PD

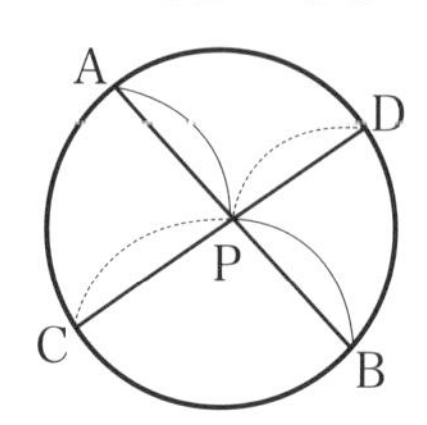

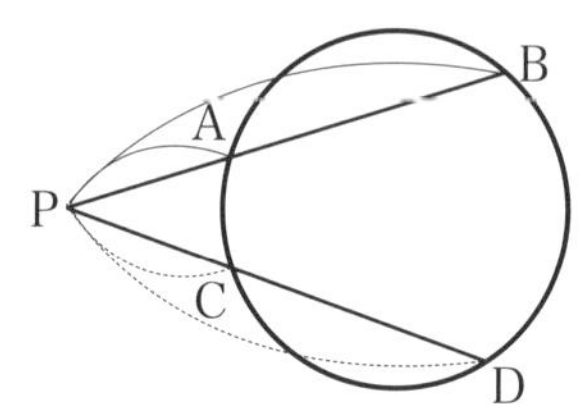

点Pを通る2直線AB，PCにおいて，2点A，B，を通る円が，点Cで直線PCと接する。

$\Leftrightarrow$ PA・PB = PC^2

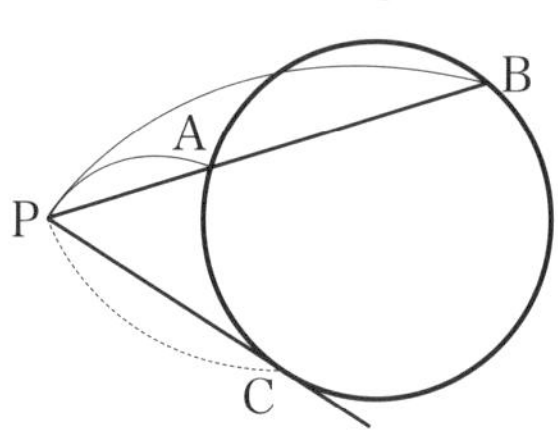

8

次の循環小数を既約分数になおしなさい。

$$1.\dot{2}3\dot{4}$$

《循環小数》

$1.\dot{2}3\dot{4} = x$ とおくと，

$$\begin{array}{rrl} & x = & 1.234234\cdots\cdots \\ -) & 1000x = & 1234.234234\cdots\cdots \\ \hline & -999x = & -1233 \end{array}$$

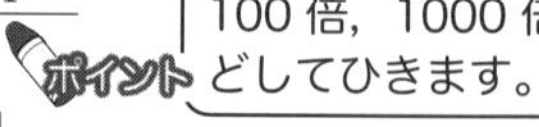

$$x = \boxed{\frac{1233}{999}} = \boxed{\frac{137}{111}}$$ ……答

循環小数で，上の234のようにくり返される数字の列を循環節といいます。

循環小数

小数部分が無限に続く小数を**無限小数**といいます。このうち，いくつかの数字の列がくり返されるものを**循環小数**といいます。循環小数は有理数です。

循環小数を表すときは，循環する数字の上に・をつけます。循環する数字が３つ以上の場合は両端の数字の上に・をつけます。

例 $0.111\cdots\cdots = 0.\dot{1}$

$0.1232323\cdots\cdots = 0.1\dot{2}\dot{3}$

$0.123123123\cdots\cdots = 0.\dot{1}2\dot{3}$

循環小数を分数になおすときは，循環節が小数点第１位からにそろうように，10倍，100倍，1000倍などにしてひきます。

9

整式 $x^4+2x^3+3x^2+4x+5$ を x^2+2 でわったときの余りを求めなさい。

《整式の除法》 

わり算をすると，次のようになります。

$$
\begin{array}{r}
x^2 + 2x + 1 \\
x^2+2\,\overline{)\,x^4+2x^3+3x^2+4x+5} \\
\underline{x^4 + 2x^2 } \\
2x^3 + x^2 + 4x \\
\underline{2x^3 + 4x } \\
x^2 + 5 \\
\underline{x^2 + 2} \\
3
\end{array}
$$

したがって，商は x^2+2x+1，余りは 3

答 3

10

次の等式をみたす r，α を求めなさい。ただし，$r > 0$，$-\pi \leqq \alpha < \pi$ とします。

$$\sqrt{6}\sin\theta - \sqrt{2}\cos\theta = r\sin(\theta + \alpha)$$

《三角関数の合成》

P$(\sqrt{6}, -\sqrt{2})$ とおくと，

$\mathrm{OP} = \sqrt{(\boxed{\sqrt{6}})^2 + (\boxed{-\sqrt{2}})^2} = \sqrt{6+2} = \sqrt{8} = \boxed{2\sqrt{2}}$

また，線分 OP と x 軸の正の向きとのなす角 α は

右の図より $\boxed{-\dfrac{\pi}{6}}$

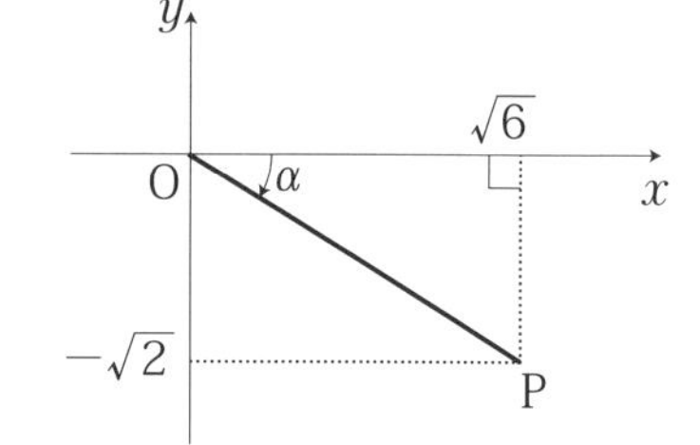

したがって，

$\sqrt{6}\sin\theta - \sqrt{2}\cos\theta$

$= 2\sqrt{2}\sin\left(\theta - \dfrac{\pi}{6}\right)$

となるから，$r = \boxed{2\sqrt{2}}$，$\alpha = \boxed{-\dfrac{\pi}{6}}$

 $\boxed{r = 2\sqrt{2}, \quad \alpha = -\dfrac{\pi}{6}}$

三角関数の合成

$$a\sin\theta + b\cos\theta = \sqrt{a^2+b^2}\sin(\theta + \alpha)$$

ただし，

$$\sin\alpha = \frac{b}{\sqrt{a^2+b^2}}$$

$$\cos\alpha = \frac{a}{\sqrt{a^2+b^2}}$$

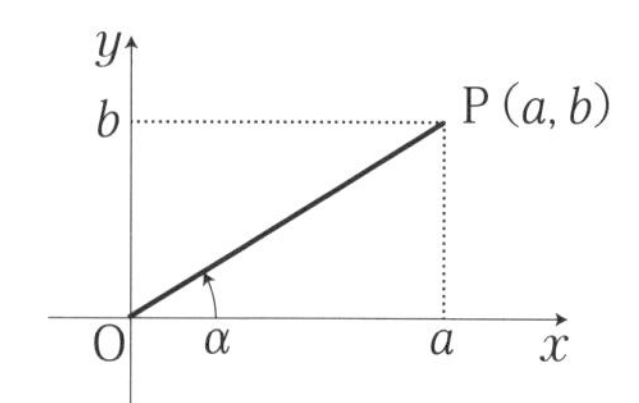

11 **関数$f(x)=\dfrac{1}{2}x^2$のグラフ上の点（2，2）における接線の方程式を求めなさい。**

《接線の方程式》

$$f(x)=\frac{1}{2}x^2 \text{ において，} \quad f'(x)=\boxed{x}$$

したがって，$x=2$における接線の傾き（微分係数）は，$f'(2)=\boxed{2}$

よって，接線の方程式は，

$$y-\boxed{f(2)}=f'(2)(x-2)$$

$$y-\boxed{2}=\boxed{2}(x-2)$$

$$y-\boxed{2}=\boxed{2x-4}$$

$$y=\boxed{2x-2}$$ ……答

接線の方程式

曲線$y=f(x)$上の点$(a,\ f(a))$における接線について，

接線の傾き（微分係数）は　$f'(a)$

接線の方程式は　$y-f(a)=f'(a)(x-a)$

12 **$\log_{10}2=0.301$とします。このとき，次の問いに答えなさい。**

① $\log_{10}\dfrac{5}{2}$の値を求めなさい。

《対数関数》 

$$\log_{10}\frac{5}{2}=\log_{10}\frac{10}{4}$$

$$=\log_{10}\frac{10}{2^2}$$

$$=\log_{10}10-\log_{10}2^2=1-2\boxed{\log_{10}2}$$

$= 1 - 2 \times \boxed{0.301}$

$= \boxed{0.398}$ ……答

② $\left(\dfrac{5}{2}\right)^{50}$ の整数部分のけた数を求めなさい。

《常用対数》

常用対数をとると，

$$\log_{10}\left(\frac{5}{2}\right)^{50} = \boxed{50}\log_{10}\frac{5}{2}$$

$= 50 \times \boxed{0.398} = \boxed{19.9}$
↑①より

より，

$$\left(\frac{5}{2}\right)^{50} = \boxed{10^{19.9}}$$

よって，$10^{19} < \left(\dfrac{5}{2}\right)^{50} < \boxed{10^{20}}$ですから，$\boxed{20}$けたであることがわかります。

答 $\boxed{20\text{けた}}$

対数の性質

$M > 0$，$N > 0$，$a > 0$，$a \neq 1$，$b > 0$，$b \neq 1$，k は実数とするとき，

$$\log_a M + \log_a N = \log_a MN$$

$$\log_a M - \log_a N = \log_a \frac{M}{N}$$

$$k\log_a M = \log_a M^k$$

$$\log_a M = \frac{\log_b M}{\log_b a} \quad \text{（底の変換公式）}$$

$$a^{\log_a M} = M$$

また，$\log_a a = 1$，$\log_a 1 = 0$

常用対数

10を底とする対数をとくに**常用対数**といいます。

$\boldsymbol{x = a \times 10^n}$（ただし，$n$ は整数，$1 \leqq a < 10$）

に対し，次のように表すことができます。

$\boldsymbol{\log_{10}x = \log_{10}a + n}$（ただし，$0 \leqq \log_{10}a < 1$）

関数 $y = -x^3 + 3x^2 + 9x - 6$ の極大値を求めなさい。

《3 次関数》

$y = -x^3 + 3x^2 + 9x - 6$

両辺を x で微分すると，

$$\begin{aligned} y' &= -3x^2 + 6x + 9 \\ &= -3(x^2 - 2x - 3) \\ &= -3(x - 3)(x + 1) \end{aligned}$$

増減表は次のとおりです。

x	…	-1	…	3	…
y'	−	0	+	0	−
y	↘	極小	↗	極大	↘

よって，$x = \boxed{3}$ のとき，極大となり，極大値は，

$$\begin{aligned} y &= -3^3 + 3 \cdot 3^2 + 9 \cdot 3 - 6 \\ &= \boxed{21} \end{aligned}$$

……答

関数の増減と極値

関数 $y = f(x)$ がある区間において，

$f'(x) > 0 \iff f(x)$ は増加する

$f'(x) < 0 \iff f(x)$ は減少する

また，$f'(x)$ の符号が変化するとき，

・正から負に変わる点を極大点，y 座標を**極大値**
・負から正に変わる点を極小点，y 座標を**極小値**

といい，極大値と極小値を合わせて**極値**といいます。

$f(x)$ が $x = a$ で極値をとり，$f'(a)$ が存在する

$\Rightarrow f'(a) = 0$

14 $\overrightarrow{OA} = (3,\ 2)$，$\overrightarrow{OB} = (1,\ -4)$ のとき，△OAB の面積を求めなさい。

《ベクトル》

$\overrightarrow{OA} = (3,\ 2)$，$\overrightarrow{OB} = (1,\ -4)$ より，△OAB の面積は，

$$\frac{1}{2}\left|\boxed{3 \times (-4) - 2 \times 1}\right| = \frac{1}{2}\left|\boxed{-14}\right| = \boxed{7}$$

$|\overrightarrow{OA}|^2 = \boxed{3^2 + 2^2} = \boxed{13}$

$|\overrightarrow{OB}|^2 = \boxed{1^2 + (-4)^2} = \boxed{17}$

$\overrightarrow{OA} \cdot \overrightarrow{OB} = 3 \times 1 + 2 \times (-4) = \boxed{-5}$

であるから，△OAB の面積は，

$$\frac{1}{2}\sqrt{\boxed{13 \times 17 - (-5)^2}} = \frac{1}{2}\sqrt{221 - 25} = \frac{1}{2}\sqrt{196} = \frac{14}{2} = \boxed{7}$$

三角形の面積

△ ABC の面積 S は,

$$S=\frac{1}{2}\sqrt{|\overrightarrow{AB}|^2|\overrightarrow{AC}|^2-(\overrightarrow{AB}\cdot\overrightarrow{AC})^2}$$

特に,$\overrightarrow{AB}=(x_1,\ y_1)$,$\overrightarrow{AC}=(x_2,\ y_2)$ のとき

$$S=\frac{1}{2}|x_1y_2-x_2y_1|$$

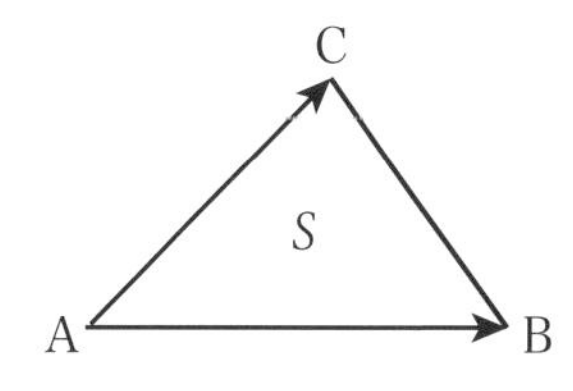

15 1辺の長さが2の正四面体OABCにおいて,△ABCの重心をGとするとき,次の問いに答えなさい。

① 内積 $\overrightarrow{OA}\cdot\overrightarrow{OB}$ の値を求めなさい。

《空間ベクトル》 

△ OAB は,1辺の長さが2の正三角形ですから,

$$\overrightarrow{OA}\cdot\overrightarrow{OB}=|\overrightarrow{OA}||\overrightarrow{OB}|\cos 60^\circ$$

$$=\boxed{2}\cdot\boxed{2}\cdot\frac{1}{2}=\boxed{2}$$ ……答

② $|\overrightarrow{OG}|$ の値を求めなさい。

《空間ベクトル》 

①と同様に,

$$\overrightarrow{OB}\cdot\overrightarrow{OC}=\overrightarrow{OC}\cdot\overrightarrow{OA}=\boxed{2}$$

ここで,Gは△ABCの重心より,

$$\overrightarrow{OG}=\frac{1}{3}(\overrightarrow{OA}+\overrightarrow{OB}+\overrightarrow{OC})$$ ←三角形の重心

したがって，

$$\overrightarrow{\mathrm{OG}}=\frac{1}{3}|\overrightarrow{\mathrm{OA}}+\overrightarrow{\mathrm{OB}}+\overrightarrow{\mathrm{OC}}|$$

この両辺を 2 乗すると，

$$|\overrightarrow{\mathrm{OG}}|^2=\frac{1}{9}\{|\overrightarrow{\mathrm{OA}}|^2+|\overrightarrow{\mathrm{OB}}|^2+|\overrightarrow{\mathrm{OC}}|^2+2\,\overrightarrow{\mathrm{OA}}\cdot\overrightarrow{\mathrm{OB}}$$

$$+2\,\overrightarrow{\mathrm{OB}}\cdot\overrightarrow{\mathrm{OC}}+2\,\overrightarrow{\mathrm{OC}}\cdot\overrightarrow{\mathrm{OA}}\}$$

$$=\frac{1}{9}(2^2+2^2+2^2+2\cdot2+2\cdot2+2\cdot2)=\boxed{\frac{8}{3}}$$

$$\therefore\quad |\overrightarrow{\mathrm{OG}}|=\sqrt{\boxed{\frac{8}{3}}}=\boxed{\frac{2\sqrt{6}}{3}}$$ ……答

内積

$\vec{a}\neq\vec{0}$，$\vec{b}\neq\vec{0}$ について，始点をそろえたときにできる角を θ（$0°\leqq\theta\leqq180°$）とします。このとき，$|\vec{a}||\vec{b}|\cos\theta$ の値を $\vec{a}$ と $\vec{b}$ の**内積**といい，$\vec{a}\cdot\vec{b}$ と表します。

$$\vec{a}\cdot\vec{b}=|\vec{a}||\vec{b}|\cos\theta$$

内積はベクトルではなく**スカラー**です。

重心の位置ベクトル

3 点の位置ベクトル A$(\vec{a})$，B$(\vec{b})$，C$(\vec{c})$ に対し，△ABC の重心 G の位置ベクトルを $\vec{g}$ とすると，

$$\vec{g}=\frac{\vec{a}+\vec{b}+\vec{c}}{3}$$

ベクトルは大きさと向きをもつ量で，スカラーは長さ，面積，重さのように，大きさだけをもつ量です。

第 2 回 2次 数理技能

1 選択 x, y, zを実数とします。$x^2+y^2+z^2=1$のとき，$x+2y+3z$の最大値と最小値を求めなさい。

解説・解答 《コーシー・シュワルツの不等式》

コーシー・シュワルツの不等式より，

$$(a^2+b^2+c^2)(x^2+y^2+z^2) \geqq (ax+by+cz)^2$$

ただし，等号は，$a:b:c=x:y:z$の場合に成り立ちます。

上の式に，$a=1$，$b=2$，$c=3$と，条件$x^2+y^2+z^2=1$を代入すると，

$$(1^2+2^2+3^2)\cdot 1 \geqq (1\cdot x+2\cdot y+3\cdot z)^2$$

$$14 \geqq (x+2y+3z)^2$$

よって，

$$-\boxed{\sqrt{14}} \leqq x+2y+3z \leqq \boxed{\sqrt{14}}$$

また，等号が成り立つのは，$1:2:3=x:y:z$の場合であるから，$x=k$，$y=2k$，$z=3k$として，条件$x^2+y^2+z^2=1$に代入すると，

$$14k^2=1 \quad \leftarrow k^2+(2k)^2+(3k)^2=1$$

$$k=\pm\boxed{\frac{1}{\sqrt{14}}}$$

となり，等号が成り立つx, y, zは存在します。

よって，最大値は$\boxed{\sqrt{14}}$，最小値は$\boxed{-\sqrt{14}}$ ……答

$x^2+y^2+z^2$と$x+2y+3z$の式に目をつけて，コーシー・シュワルツの不等式が使えるかどうか考えます。

コーシー・シュワルツの不等式

次の不等式をコーシー・シュワルツの不等式といいます。これらの不等式は，文字をいくつ増やしても成り立ちます。

$$(a^2+b^2)(x^2+y^2) \geqq (ax+by)^2$$

（等号は，$a:b=x:y$ の場合に成り立つ。）

$$(a^2+b^2+c^2)(x^2+y^2+z^2) \geqq (ax+by+cz)^2$$

（等号は，$a:b:c=x:y:z$ の場合に成り立つ。）

コインを 10 回投げます。1 回投げるごとに，表が出ると + 10 点，裏が出ると − 5 点ずつ得点が加算されます。このとき，次の問いに答えなさい。

(1) 得点の平均（期待値）を求めなさい。

《期待値》

コインを 1 回投げたとき，表の出る確率は $\frac{1}{2}$ ですから，10 回投げたときの表の出る回数を X 回とすると，X は二項分布 $B\left(10,\ \frac{1}{2}\right)$ にしたがいます。

よって，X の平均は $E(X)=\boxed{10}\cdot\boxed{\frac{1}{2}}=\boxed{5}$

また，得点を Y とすると，

$$Y = 10\cdot X+(-5)\cdot(10-X)$$
$$= 15X-50$$

が成り立つ。

したがって，Y の平均 $E(Y)$ は

$$E(Y)=E(15X-50)$$
$$=15E(X)-50$$

$$= 15 \cdot 5 - 50 = \boxed{25}$$

答 $\boxed{25}$

(2)　得点の標準偏差を求めなさい。

《標準偏差》

X の標準偏差は，

$$\sigma(X) = \sqrt{10 \cdot \frac{1}{2} \cdot \frac{1}{2}} = \frac{\sqrt{10}}{2}$$

Y の標準偏差 $\sigma(Y)$ は，

$$\sigma(Y) = |15|\sigma(X) = 15 \cdot \frac{\sqrt{10}}{2}$$

$$= \boxed{\frac{15\sqrt{10}}{2}}$$

 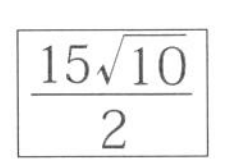

$\boxed{\dfrac{15\sqrt{10}}{2}}$

二項分布

確率変数 X が二項分布 $B(n,\ p)$ にしたがうとき，

平均（期待値）$E(X) = np$

標準偏差 $\sigma(X) = \sqrt{npq}$（ただし，$q = 1 - p$）

漸化式 $a_1 = 1$，$a_{n+1} = 2a_n + 2^n$ をみたす数列 $\{a_n\}$ の一般項を求めなさい。

《漸化式》

$a_{n+1} = 2a_n + 2^n$ の両辺を 2^{n+1} でわると，

$$\frac{a_{n+1}}{2^{n+1}} = \frac{2a_n}{2^{n+1}} + \frac{2^n}{2^{n+1}} = \boxed{\frac{a_n}{2^n}} + \frac{1}{2}$$

ここで，$\boxed{\dfrac{a_n}{2^n}} = b_n$ とおくと，$b_1 = \dfrac{a_1}{2^1} = \dfrac{1}{2}$

問題 p.30

したがって，$b_{n+1} = b_n + \frac{1}{2}$ より，$\{b_n\}$ は，初項 $\frac{1}{2}$，公差 $\frac{1}{2}$ の等差数列ですから，一般項は，

$$b_n = b_1 + (n-1)d = \frac{1}{2} + (n-1)\cdot\frac{1}{2} = \boxed{\frac{1}{2}n}$$

したがって，$\frac{a_n}{2^n} = \boxed{\frac{1}{2}n}$

$$a_n = \boxed{\frac{1}{2}n}\cdot 2^n = \boxed{n\cdot 2^{n-1}} \quad \cdots\cdots 答$$

漸化式の基本形

等差型　$a_{n+1} = a_n + d$

$\{a_n\}$ は公差 d の等差数列ですから，一般項は，

$$a_n = a_1 + (n-1)d$$

等比型　$a_{n+1} = ra_n$

$\{a_n\}$ は公比 r の等比数列ですから，一般項は，

$$a_n = a_1 r^{n-1}$$

階差型　$a_{n+1} = a_n + f(n)$

$\{a_n\}$ の階差数列の一般項が $f(n)$ ですから，$\{a_n\}$ の一般項は，$a_n = a_1 + \sum_{k=1}^{n-1} f(k)$　$(n \geqq 2)$

4　3点A (1, 0, 0)，B (0, 2, 0)，C (−1, 1, 1) の定める平面 α に，原点Oから下ろした垂線の足をHとする。点Hの座標を求めなさい。

《ベクトル》

点Hは平面 α 上の点だから，s，t，u を実数として，

$\overrightarrow{OH} = s\,\overrightarrow{OA} + t\,\overrightarrow{OB} + u\,\overrightarrow{OC}$ $(s + t + u = \boxed{1} \cdots\cdots①)$

と表すことができます。よって，

$\overrightarrow{OH} = s\,(\boxed{1,\ 0,\ 0}) + t\,(\boxed{0,\ 2,\ 0}) + u\,(\boxed{-1,\ 1,\ 1})$
$= (\boxed{s-u},\ \boxed{2t+u},\ \boxed{u})$

また，OH と平面 α は垂直ですから，$\mathrm{OH} \perp \mathrm{AB}$，$\mathrm{OH} \perp \mathrm{AC}$

すなわち，$\overrightarrow{OH} \cdot \overrightarrow{AB} = \boxed{0}$，$\overrightarrow{OH} \cdot \overrightarrow{AC} = \boxed{0}$

ここで，

$$\begin{aligned}\overrightarrow{AB} &= (\boxed{0,\ 2,\ 0}) - (\boxed{1,\ 0,\ 0})\\ &= (\boxed{-1,\ 2,\ 0})\end{aligned}$$

$$\begin{aligned}\overrightarrow{AC} &= (\boxed{-1,\ 1,\ 1}) - (\boxed{1,\ 0,\ 0})\\ &= (\boxed{-2,\ 1,\ 1})\end{aligned}$$

$$\begin{aligned}\overrightarrow{OH} \cdot \overrightarrow{AB} &= (s-u) \times (-1) + (2t+u) \times 2 + u \times 0\\ &= \boxed{-s+4t+3u} = 0 \cdots\cdots②\end{aligned}$$

$$\begin{aligned}\overrightarrow{OH} \cdot \overrightarrow{AC} &= (s-u) \times (-2) + (2t+u) \times 1 + u \times 1\\ &= \boxed{-2s+2t+4u} = 0 \cdots\cdots③\end{aligned}$$

③より，$s - t - 2u = 0 \cdots\cdots$④

①＋②より，$5t + 4u = 1 \cdots\cdots$⑤

②＋④より，$3t + u = 0 \cdots\cdots$⑥

⑤，⑥を解いて，

$$t = -\boxed{\frac{1}{7}},\quad u = \boxed{\frac{3}{7}}$$

①から，

$$s = \boxed{\frac{5}{7}}$$

したがって，

$$\begin{aligned}\overrightarrow{OH} &= \left(\frac{5}{7} - \frac{3}{7},\ 2 \times \left(-\frac{1}{7}\right) + \frac{3}{7},\ \frac{3}{7}\right)\\ &= \left(\boxed{\frac{2}{7},\ \frac{1}{7},\ \frac{3}{7}}\right)\end{aligned}$$

点 H の座標は $\left(\boxed{\frac{2}{7},\ \frac{1}{7},\ \frac{3}{7}}\right)$

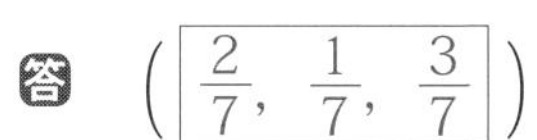

答 $\left(\boxed{\frac{2}{7},\ \frac{1}{7},\ \frac{3}{7}}\right)$

問題◀◁p.31

5

右の図の立方体において，1つの頂点に集まる3辺のそれぞれの中点を通る平面で立方体を切断し，三角錐を切り取ります。この操作を立方体の8つの頂点すべてに行います。

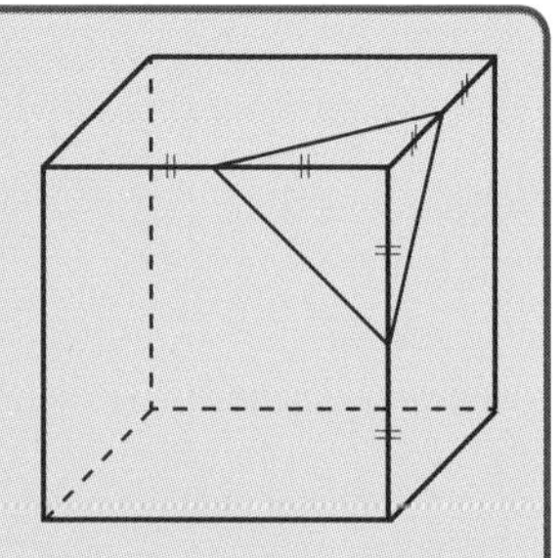

残った立体の頂点の数を v，辺の数を e，面の数を f とするとき，オイラーの多面体定理 $v-e+f=2$ が成り立つことを証明しなさい。　（証明技能）

解説・解答　《空間図形》

立方体の頂点を1つ切り落とすと，切り口に正三角形が1つできます。もとの立方体の各面の正方形は，四隅の直角二等辺三角形を切り落とした図形で，正方形になります。

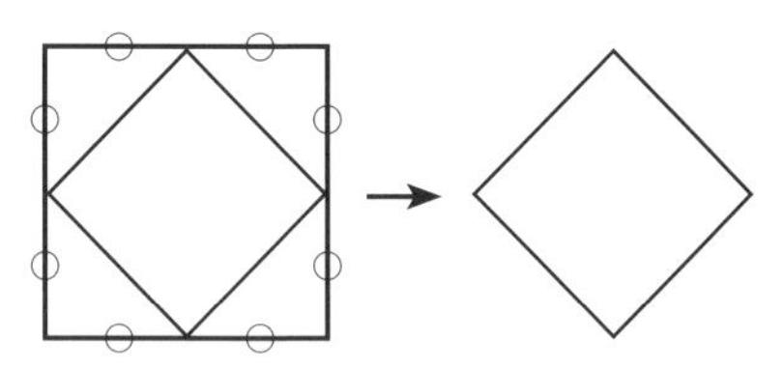

したがって，残った図形は，正三角形8つと正方形6つの面をもつ立体になります。

面の数 f は，$f=8+6=14$

頂点の数 v は，1つの頂点を4つの面で共有しているから，

$$v=\frac{\boxed{8\times 3}+\boxed{6\times 4}}{4}=\boxed{12}$$

辺の数 e は，1つの辺を2つの面で共有しているから，

$$e=\frac{\boxed{8\times 3}+\boxed{6\times 4}}{2}=\boxed{24}$$

よって，

$$v-e+f=\boxed{12}-\boxed{24}+14$$
$$=\boxed{2}$$

参考

5 でできる立体を立方八面体とよびます。

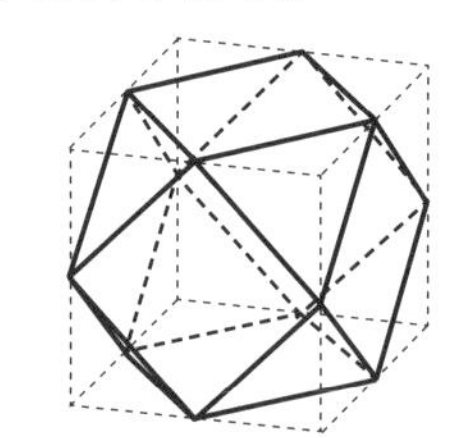

オイラーの多面体定理

凸多面体の頂点，辺，面の数をそれぞれv，e，fとするとき，次の式が成り立ちます。

$$v-e+f=2$$

6 必須 **2つのさいころを同時に投げるとき，出る目の数の差の絶対値をXとします。このとき，次の問いに答えなさい。**

(1) Xの平均（期待値）を求めなさい。

《確率分布》

2つのさいころの出る目の数の差の絶対値Xを表にすると，右のようになります。

これにしたがって，Xの分布を調べます。

Xの分布表は次のようになります。

＼	1	2	3	4	5	6
1	0	1	2	3	4	5
2	1	0	1	2	3	4
3	2	1	0	1	2	3
4	3	2	1	0	1	2
5	4	3	2	1	0	1
6	5	4	3	2	1	0

X	0	1	2	3	4	5	計
$P(X)$	$\frac{6}{36}$	$\frac{10}{36}$	$\frac{8}{36}$	$\frac{6}{36}$	$\frac{4}{36}$	$\frac{2}{36}$	1

したがって，Xの平均$E(X)$は，

$$E(X)=0\cdot\frac{6}{36}+1\cdot\frac{10}{36}+2\cdot\frac{8}{36}+3\cdot\frac{6}{36}+4\cdot\frac{4}{36}+\boxed{5\cdot\frac{2}{36}}$$

$$=\boxed{\frac{35}{18}}$$ ……答

(2) Xの分散を求めなさい。

《確率分布》

(1) の分布表から，X^2の平均$E(X^2)$は，

$$E(X^2)=0^2\cdot\frac{6}{36}+1^2\cdot\frac{10}{36}+2^2\cdot\frac{8}{36}+3^2\cdot\frac{6}{36}+4^2\cdot\frac{4}{36}+\boxed{5^2\cdot\frac{2}{36}}$$

$$=\boxed{\frac{35}{6}}$$

したがって，Xの分散$V(X)$は，

$$V(X)=E(X^2)-\{E(X)\}^2$$

$$=\boxed{\frac{35}{6}}-\left(\boxed{\frac{35}{18}}\right)^2=\boxed{35}\left(\frac{1}{6}-\frac{35}{18^2}\right)=\boxed{\frac{665}{324}}$$ ……答

確率変数と確率分布

とり得るそれぞれの値に対し，そのときの確率が定まる変数を**確率変数**といいます。

確率変数Xが$X=x_1$，x_2，……，x_nの値をとるときの確率をそれぞれ$P(X=x_k)$と表し，$X\geqq x_k$の値をとる確率を$P(X\geqq x_k)$と表します。

確率変数と期待値

確率変数Xに対し，$P(X=x_k)=p_k$と表すことにすると，x_kとp_kの対応関係は下の表のようになります。

X	x_1　x_2　……　x_n	計
P	p_1　p_2　……　p_n	1

この対応表をXの**確率分布**，または**分布**といい，Xはこの分布にしたがうといいます。このときの確率の基本性質から，次の式が成り立ちます。

$$0\leqq p_k\leqq 1\qquad p_1+p_2+\cdots\cdots+p_n=\sum_{k=1}^{n}p_k=1$$

これに対し，$x_1p_1+x_2p_2+\cdots\cdots+x_np_n$の値を$X$の**期待値**または**平均**といい，$E(X)$または$m$と表します。

分散

確率変数Xが上の分布（上の表）にしたがうとき，Xの平均mに対し，Xの**分散**$V(X)$は

$$V(X)=(x_1-m)^2p_1+(x_2-m)^2p_2+\cdots+(x_n-m)^2p_n$$
$$=\sum_{k=1}^{n}(x_k-m)^2p_k$$

また，公式として，次の式を用いることもあります。

$$V(X)=E(X^2)-\{E(X)\}^2$$

7 必須　次の問いに答えなさい。

(1)　直線 $y=2tx-t^2$ について，t がどのような実数値をとっても直線が通過しない領域を図示しなさい。

《領域》 

$y=2tx-t^2$ を t についての 2 次方程式と考えると，

$$t^2-2xt+y=0$$

これが実数解をもたない条件を求めればよい。

判別式を D とすると，

$$\frac{D}{4}=(-x)^2-1\cdot y=x^2-y<0$$

$$y>\boxed{x^2}$$

よって，右の図の斜線部分で，境界は含まない。……答

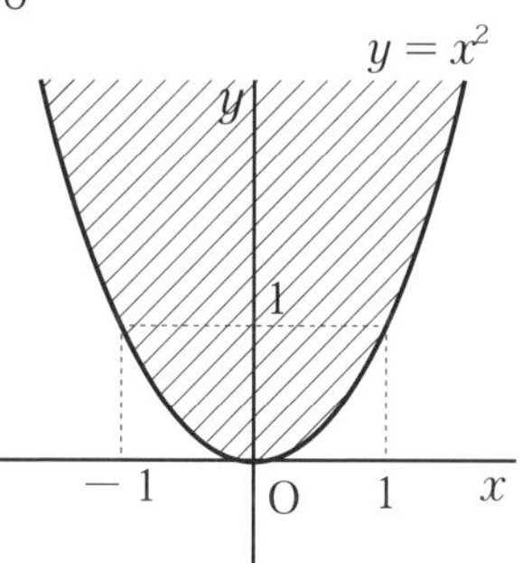

(2)　(1) で求めた領域の境界線と，直線 $y=2x+3$ で囲まれた図形の面積を求めなさい。　(測定技能)

《面積》 

$y=x^2$ と $y=2x+3$ との交点の x 座標は，

$x^2 = 2x + 3$

$x^2 - 2x - 3 = 0$

$(x - 3)(x + 1) = 0$

$x = -1,\ 3$

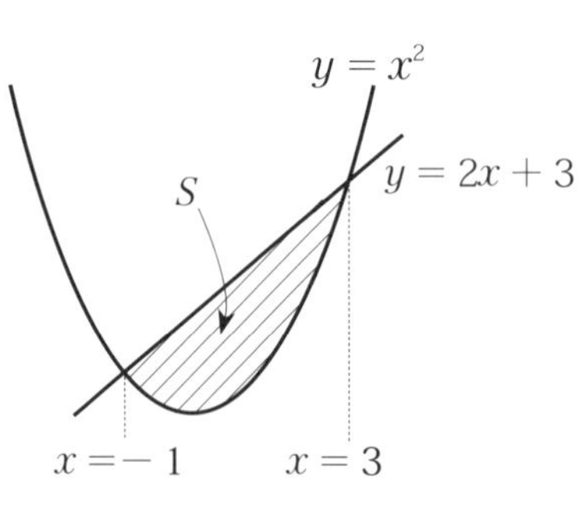

囲まれた部分の面積をSとおくと，

$$S = \int_{-1}^{3} \{(\boxed{2x + 3}) - \boxed{x^2}\} dx$$

$$= -\int_{-1}^{3} (x + 1)(x - 3)\, dx$$

$$= -\left(-\frac{1}{6}\right)\{3 - (-1)\}^3$$

$$= \boxed{\frac{32}{3}} \quad \cdots\cdots 答$$

$\int_{\alpha}^{\beta}(x - \alpha)(x - \beta)\, dx = -\frac{1}{6}(\beta - \alpha)^3$

（次ページの［重要］を参照）

領域

x，yについての不等式をみたす点（x，y）の集合を，その不等式の表す**領域**といいます。また，領域である部分と領域でない部分を分ける線を**境界**，または**境界線**といいます。

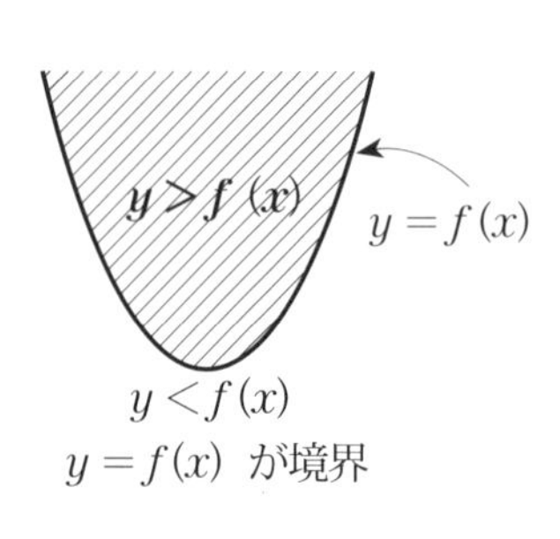

$y = f(x)$ が境界

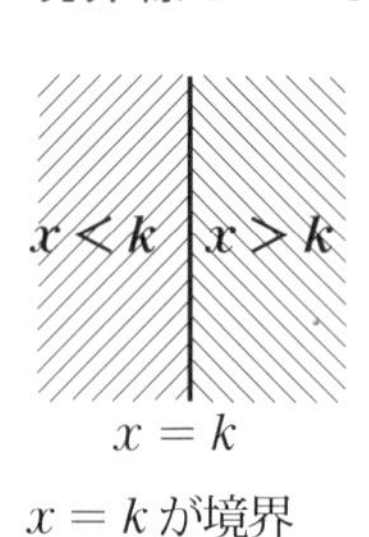

$x = k$が境界

$(x - a)^2 + (y - b)^2 = r^2$が境界

定積分

関数$f(x)$の不定積分の1つを$F(x)$とすると,

$$\int_a^b f(x)\,dx = \Big[F(x)\Big]_a^b = F(b) - F(a)$$

上の数を代入　下の数を代入

の値を$f(x)$のaからbまでの**定積分**といい，aからbまでを**積分区間**，aを下端，bを上端とよびます。

定積分の公式

① $\displaystyle\int_a^a f(x)\,dx = 0$

② $\displaystyle\int_b^a f(x)\,dx = -\int_a^b f(x)\,dx$

③ $\displaystyle\int_a^c f(x)\,dx + \int_c^b f(x)\,dx = \int_a^b f(x)\,dx$

④ $\displaystyle\int_{-a}^a x^n\,dx = \begin{cases} 2\displaystyle\int_0^a x^n dx & (n：偶数) \\ 0 & (n：奇数) \end{cases}$

放物線と直線，または放物線どうしで囲まれた図形の面積を求めるときなどに，次の公式を用いることがあります。

⑤ $\displaystyle\int_\alpha^\beta a(x-\alpha)(x-\beta)\,dx = -\frac{a}{6}(\beta-\alpha)^3$

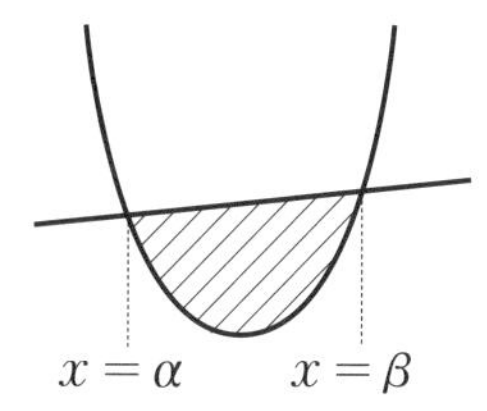

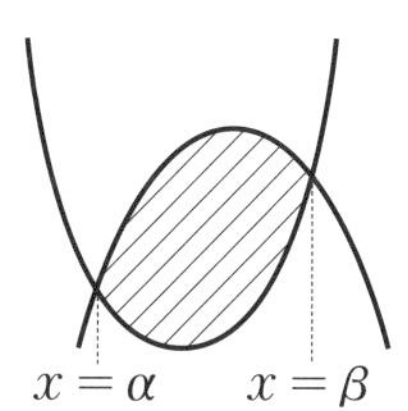

問題 p.32

第3回 1次 計算技能

1

全体集合 $U=\{1,\ 2,\ 3,\ 4,\ 5,\ 6,\ 7,\ 8,\ 9\}$，$A=\{2,\ 4,\ 6,\ 8\}$，$B=\{3,\ 6,\ 9\}$のとき，$\overline{A}\cap\overline{B}$を求めなさい。

《集合》

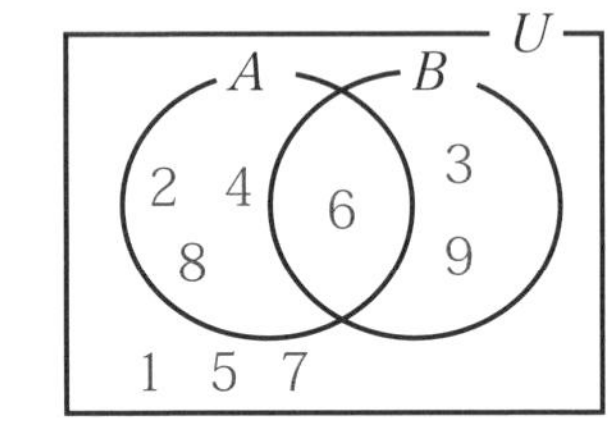

ベン図に要素を書き込むと，右の図のようになります。

ド・モルガンの法則により，

$\overline{A}\cap\overline{B}=\overline{A\cup B}$

$=\{\boxed{1,\ 5,\ 7}\}$ ……答

集合の演算

和集合　集合AとBの少なくとも一方に属する要素の集合を，AとBの**和集合**といい，$A\cup B$と表します。

共通部分　集合AとBの両方に属する要素の集合を，AとBの**共通部分**，または**交わり**といい，$A\cap B$と表します。

補集合　考えているものの全体の集合を**全体集合**といい，Uと表します。このとき，Uの部分集合Aに属さない要素の集合をAの**補集合**といい，$\overline{A}$と表します。($\overline{\overline{A}}=A$)

ド・モルガンの法則

$$\overline{A\cup B}=\overline{A}\cap\overline{B}$$
$$\overline{A\cap B}=\overline{A}\cup\overline{B}$$

2 $\dfrac{2}{\sqrt{5}-1}$ の小数部分を t とするとき，t^2-t+1 の値を求めなさい。

《根号をふくむ式の計算》

分母を有理化すると，

$$\frac{2}{\sqrt{5}-1}=\frac{2(\sqrt{5}+1)}{(\sqrt{5}-1)(\sqrt{5}+1)}$$

$$=\frac{2(\sqrt{5}+1)}{5-1}$$

$$=\boxed{\frac{\sqrt{5}+1}{2}}$$

ここで，$2<\sqrt{5}<3$ ですから，$\dfrac{3}{2}<\boxed{\dfrac{\sqrt{5}+1}{2}}<2$

したがって，$\boxed{\dfrac{\sqrt{5}+1}{2}}$ の整数部分は 1 となり，小数部分 t は，

$$t=\boxed{\frac{\sqrt{5}+1}{2}}-\boxed{1}=\boxed{\frac{\sqrt{5}-1}{2}}$$

ポイント
整数部分 1 をひくと，小数部分になります。

よって，

$$t^2=\left(\boxed{\frac{\sqrt{5}-1}{2}}\right)^2$$

$$=\frac{\boxed{5-2\sqrt{5}+1}}{4}=\boxed{\frac{3-\sqrt{5}}{2}}$$

ゆえに，

$$t^2-t+1=\boxed{\frac{3-\sqrt{5}}{2}}-\boxed{\frac{\sqrt{5}-1}{2}}+1$$

$$=\boxed{3-\sqrt{5}}$$ ……答

分母の有理化

分母を根号をふくまない形になおすことを，分母を**有理化**するといいます。

$a>0$，$b>0$のとき，

$$\frac{m}{\sqrt{a}+\sqrt{b}}=\frac{m(\sqrt{a}-\sqrt{b})}{(\sqrt{a}+\sqrt{b})(\sqrt{a}-\sqrt{b})}=\frac{m(\sqrt{a}-\sqrt{b})}{a-b}$$

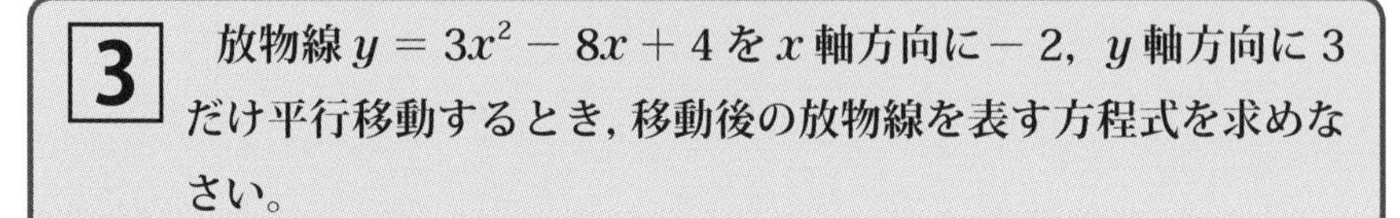

3 放物線 $y=3x^2-8x+4$ を x 軸方向に-2，y 軸方向に 3 だけ平行移動するとき，移動後の放物線を表す方程式を求めなさい。

《放物線の平行移動》

$y=3x^2-8x+4$

x 軸方向に-2，y 軸方向に 3 だけ平行移動した後の放物線の方程式は，

$\boxed{y-3}=3(\boxed{x+2})^2-8(\boxed{x+2})+4$

$y-3=3(\boxed{x^2+4x+4})-8x-16+4$

$y-3=3x^2+12x+12-8x-16+4$

$y-3=3x^2+4x$

$y=\boxed{3x^2+4x+3}$

答 $\boxed{y=3x^2+4x+3}$

《放物線の平行移動》

$y=3x^2-8x+4$

$=3\left(x^2-\frac{8}{3}x\right)+4$

$=3\left\{\left(x-\frac{4}{3}\right)^2-\left(\frac{4}{3}\right)^2\right\}+4$

$=3\left(x-\frac{4}{3}\right)^2-\frac{16}{3}+4$

平方完成
$y=ax^2+bx+c$ を
$y=a(x-p)^2+q$ の
形に変形します。

$= 3\left(\boxed{x - \frac{4}{3}}\right)^2 - \frac{4}{3}$ ……$y = a\ (x - p)^2 + q$ のグラフの頂点の座標は $(p,\ q)$

したがって，頂点の座標は，$\left(\boxed{\frac{4}{3}},\ \boxed{-\frac{4}{3}}\right)$ となります。

頂点を x 軸方向に -2，y 軸方向に 3 だけ平行移動すると，移動後の座標は，$\left(\frac{4}{3}\boxed{-2},\ -\frac{4}{3}\boxed{+3}\right)$ より $\left(\boxed{-\frac{2}{3}},\ \boxed{\frac{5}{3}}\right)$

したがって，移動後の放物線の方程式は

$y = 3\left(\boxed{x + \frac{2}{3}}\right)^2 + \boxed{\frac{5}{3}}$

答 $\boxed{y = 3x^2 + 4x + 3}$ $\left[y = 3\left(x + \frac{2}{3}\right)^2 + \frac{5}{3}\right]$

平行移動

関数 $y = f\ (x)$ のグラフを x 軸方向に p，y 軸方向に q だけ平行移動した後の，グラフの方程式は，

$y - q = f\ (x - p)$

グラフの平行移動と頂点の移動，どちらもできるようになりましょう。

4 △ABC において，AB = 3，BC = 7，CA = 8 であるとき，∠A の大きさを求めなさい。

《三角比》

△ABC において，余弦定理を用いると，

1次

第3回 解説・解答

$$BC^2 = AB^2 + AC^2 - 2 \times AB \times AC \times \cos A$$

より，

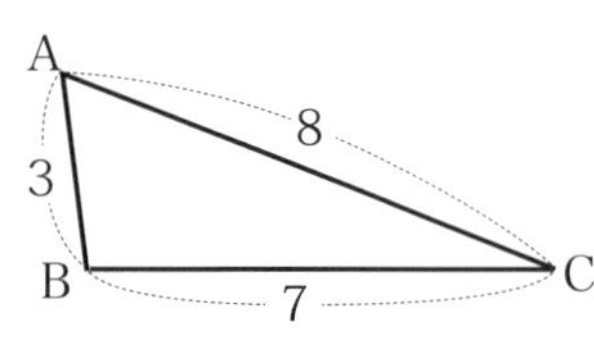

$$\boxed{7}^2 = \boxed{3}^2 + \boxed{8}^2 - 2 \times \boxed{3} \times \boxed{8} \times \cos A$$

$$\boxed{49} = \boxed{9} + \boxed{64} - \boxed{48}\cos A$$

$$\boxed{48}\cos A = \boxed{24}$$

$$\cos A = \boxed{\frac{1}{2}}$$

$0° < A < 180°$ですから，

$$\angle A = \boxed{60°}$$

 $\boxed{60°}$

3辺が与えられて角を求めるときは，余弦定理を用います。

余弦定理

△ABCにおいて，次の式が成り立つ。

$$a^2 = b^2 + c^2 - 2bc\cos A$$

$$\Leftrightarrow \quad \cos A = \frac{b^2 + c^2 - a^2}{2bc}$$

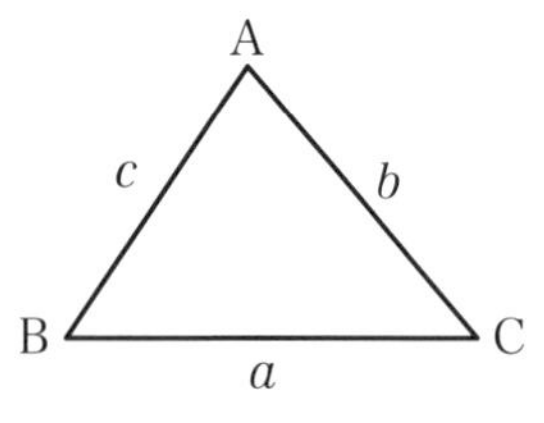

（おもな使い方） 2辺と1つの角が与えられて，もう1つの辺を求めるとき。3辺（の比）が与えられて，角を求めるとき。

次の式を因数分解しなさい。

$$x^2 + xy - 6y^2 + 3x - y + 2$$

《因数分解》

$$x^2 + xy - 6y^2 + 3x - y + 2$$
$$= x^2 + (y + 3)x - (6y^2 + y - 2)$$
$$= x^2 + (y + 3)x - (\boxed{3y + 2})(\boxed{2y - 1})$$
$$= \{x + (\boxed{3y + 2})\}\{x - (\boxed{2y - 1})\}$$
$$= \boxed{(x + 3y + 2)(x - 2y + 1)}$$

……答

x について降べきの順に整理します。

因数分解の公式
$acx^2 + (ad + bc)x + bd$
$= (ax + b)(cx + d)$
を使います。

1	$3y + 2$	→	$3y + 2$
1	$-(2y - 1)$	→	$-(2y - 1)$
			$y + 3$

因数分解の公式

$a^2 \pm 2ab + b^2 = (a \pm b)^2$（複号同順）

$a^2 - b^2 = (a + b)(a - b)$

$x^2 + (a + b)x + ab = (x + a)(x + b)$

$acx^2 + (ad + bc)x + bd = (ax + b)(cx + d)$

$a^2 + b^2 + c^2 + 2ab + 2bc + 2ca = (a + b + c)^2$

$a^3 \pm 3a^2b + 3ab^2 \pm b^3 = (a \pm b)^3$（複号同順）

$a^3 \pm b^3 = (a \pm b)(a^2 \mp ab + b^2)$（複号同順）

$a^3 + b^3 + c^3 - 3abc$
$= (a + b + c)(a^2 + b^2 + c^2 - ab - bc - ca)$

6 4枚のコインを同時に投げるとき，次の問いに答えなさい。

① 少なくとも1枚表が出る確率を求めなさい。

《確率》

1枚のコインを投げたとき，表，裏の出る確率はいずれも$\frac{1}{2}$です。4枚のコインは区別して考えます。

少なくとも1枚表が出るという事象の余事象は，4枚とも裏が出るという事象です。4枚とも裏が出る確率は，

$$\left(\boxed{\frac{1}{2}}\right)^4=\boxed{\frac{1}{16}}$$

したがって，求める確率は，

$$1-\boxed{\frac{1}{16}}=\boxed{\frac{15}{16}}$$ ……答

② 表が2枚，裏が2枚出る確率を求めなさい。

《確率》

表が2枚出る確率は，$\left(\boxed{\frac{1}{2}}\right)^2=\boxed{\frac{1}{4}}$

裏が2枚出る確率は，$\left(\boxed{\frac{1}{2}}\right)^2=\boxed{\frac{1}{4}}$

4枚のコインから表になるコイン2枚の選び方は，

$${}_4C_2=\frac{\boxed{4\cdot 3}}{2\cdot 1}=\boxed{6}\text{（通り）}$$

したがって，求める確率は，

$$\boxed{6}\cdot\boxed{\frac{1}{4}}\cdot\boxed{\frac{1}{4}}=\boxed{\frac{3}{8}}$$ ……答

組合せの総数

n 個から r 個をとる組合せの総数 ${}_n\mathrm{C}_r$ は,

$${}_n\mathrm{C}_r = \frac{{}_n\mathrm{P}_r}{r!} = \frac{n(n-1)(n-2)\cdots\cdots(n-r+1)}{r(r-1)(r-2)\cdots\cdots3\cdot2\cdot1}$$

$${}_n\mathrm{C}_r = \frac{n!}{r!(n-r)!} \quad {}_n\mathrm{C}_n = 1 \quad {}_n\mathrm{C}_0 = 1$$

反復試行の確率

1 回の試行で事象 A が起こる確率を p とします。この試行を n 回くり返して行うとき，事象 A が r 回起こる確率は，次の式で求めることができます。

$${}_n\mathrm{C}_r\, p^r (1-p)^{n-r}$$

余事象の確率

事象 A に対して，A が起こらないという事象を余事象といい，$\overline{A}$ と表します。事象 $\overline{A}$ の起こる確率 $P(\overline{A})$は,

$$P(\overline{A}) = 1 - P(A)$$

7 右の図のように半径 3 の円 $\mathrm{O_1}$ と，半径 5 の円 $\mathrm{O_2}$ に対して，直線 ℓ は共通外接線であり，それぞれの円との接点を A, B とすると, AB ＝ 8 です。2 つの円の中心間の距離 $\mathrm{O_1O_2}$ を求めなさい。

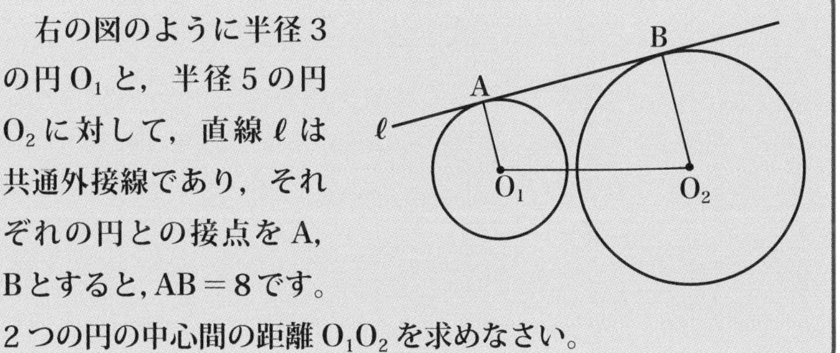

《共通外接線》

点 A, B は接点ですから,

$\mathrm{O_1A} \perp \ell$, $\mathrm{O_2B} \perp \ell$

となります。

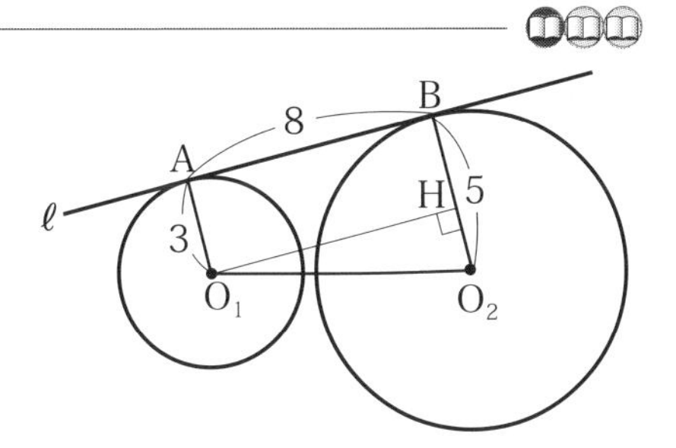

点 $\mathrm{O_1}$ を通り， ℓ と平行な直線と $\mathrm{O_2B}$ との交点を H

とおくと，四角形 AO_1HB は長方形になるから，

$$O_1H = AB = 8, \quad BH = AO_1 = 3$$

となります。

　このとき，

$$O_2H = O_2B - BH = 5 - 3 = 2$$

ですから，$\triangle O_1O_2H$ において，三平方の定理を用いると，

$$\begin{aligned} O_1O_2 &= \sqrt{\boxed{O_1H^2 + O_2H^2}} \\ &= \sqrt{\boxed{8^2 + 2^2}} \\ &= \boxed{\sqrt{68}} \\ &= \boxed{2\sqrt{17}} \quad \cdots\cdots 答 \end{aligned}$$

共通接線

　1つの直線が2つの円に接しているとき，この直線を2つの円の**共通接線**といいます。

　接線に対して，2つの円が同じ側にある場合を**共通外接線**，反対側にある場合を**共通内接線**といいます。

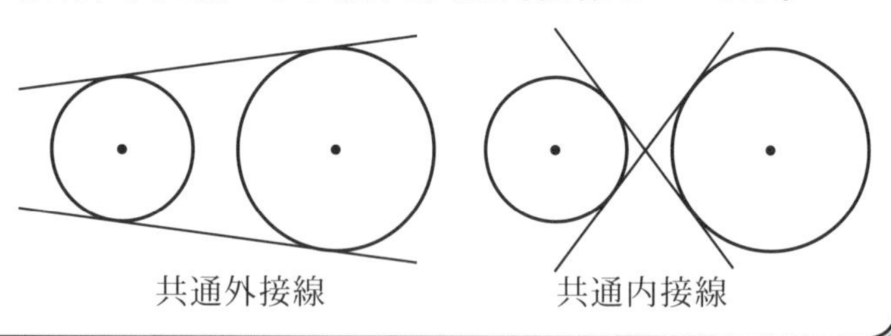

8

次の２つの数の最大公約数を求めなさい。

1682，1798

《最大公約数》

数が大きいので，ユークリッドの互除法を利用します。

```
          1
1682 ) 1798
       1682
        116
```

```
         14
116 ) 1682
      1160
       522
       464
        58
```

```
        2
58 ) 116
     116
       0
```

わりきれたときのわる数が最大公約数です。

答 58

ユークリッドの互除法

２つの自然数 a，b（$a > b$）に対して，次のようにすると，a と b の最大公約数 $\boldsymbol{r_n}$ を求めることができます。

a を b でわった余りを r_1 とし，
b を r_1 でわった余りを r_2 とし，
r_1 を r_2 でわった余りを r_3 とし，
⋮
r_{n-2} を r_{n-1} でわった余りを r_n とし，
r_{n-1} が r_n でわり切れたとします。

わり切れた式におけるわる数が，もとの２数 a，b の最大公約数となります。

問題◀◁p.35

9

2次方程式 $2x^2-6x-7=0$ の2つの解を α，β とするとき，次の式の値を求めなさい。

① $\alpha^2+\beta^2$

《解と係数の関係》

2次方程式 $2x^2-6x-7=0$ の2つの解を α，β とするとき，解と係数の関係から，

$\alpha+\beta=\boxed{-\frac{-6}{2}}=\boxed{3}$，$\alpha\beta=\boxed{-\frac{7}{2}}$

$\alpha^2+\beta^2=\underline{(\alpha+\beta)^2-2\alpha\beta}$ ポイント

$=3^2-2\times\left(-\frac{7}{2}\right)$

$=9+7=\boxed{16}$ ……答

ワンポイント・アドバイス

$\alpha^2+\beta^2$ の値を求めるには，上のポイントのように変形して，$\alpha+\beta$ と $\alpha\beta$ の値を代入します。

② $\dfrac{\alpha}{\beta}+\dfrac{\beta}{\alpha}$

《解と係数の関係》

$\dfrac{\alpha}{\beta}+\dfrac{\beta}{\alpha}=\underline{\dfrac{\alpha^2+\beta^2}{\alpha\beta}}$ ポイント

①より，$\alpha^2+\beta^2=16$，$\alpha\beta=-\dfrac{7}{2}$ ですから，

$\dfrac{\alpha^2+\beta^2}{\alpha\beta}=\dfrac{16}{-\frac{7}{2}}$

$=\boxed{-\dfrac{32}{7}}$ ……答

ワンポイント・アドバイス

$\dfrac{\alpha}{\beta}+\dfrac{\beta}{\alpha}$ の値を求めるには，前ページのポイントのように変形して，$\alpha^2+\beta^2$ と $\alpha\beta$ の値を代入します。

解と係数の関係

2次方程式 $ax^2+bx+c=0$ の2つの解を α，β とすると，

$$\alpha+\beta=-\frac{b}{a},\quad \alpha\beta=\frac{c}{a}$$

対称式

対称式は，文字を入れ替えても同じ式になります。

例 x^2+y^2，x^3+y^3，$\dfrac{1}{x}+\dfrac{1}{y}$

対称式は,基本対称式 $(x+y, xy)$ で表すことができます。

例 $x^2+y^2=(x+y)^2-2xy$

$x^3+y^3=(x+y)^3-3xy(x+y)$

$\dfrac{1}{x}+\dfrac{1}{y}=\dfrac{x+y}{xy}$

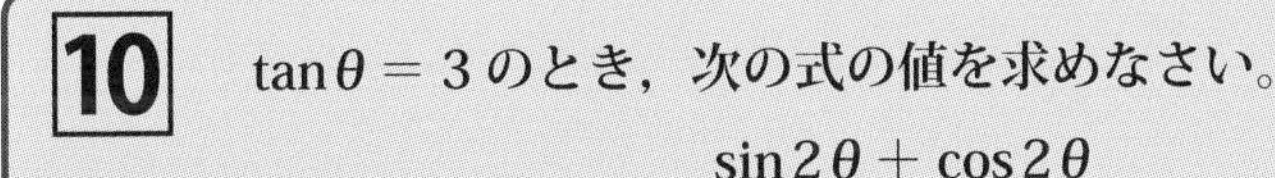

10 $\tan\theta=3$ のとき，次の式の値を求めなさい。

$$\sin 2\theta+\cos 2\theta$$

《三角関数》

$\sin 2\theta+\cos 2\theta$

$=2\sin\theta\cos\theta+2\cos^2\theta-1$ 　2倍角の公式より

$=2\cdot\boxed{\dfrac{\sin\theta}{\cos\theta}}\cdot\cos^2\theta+2\cos^2\theta-1$

ここで，

$\boxed{\dfrac{\sin\theta}{\cos\theta}}=\tan\theta=3$

$$\cos^2\theta = \boxed{\frac{1}{1+\tan^2\theta}} = \frac{1}{1+3^2} = \boxed{\frac{1}{10}}$$

ですから，

$$\sin 2\theta + \cos 2\theta$$

$$= 2\cdot 3\cdot \boxed{\frac{1}{10}} + 2\cdot \boxed{\frac{1}{10}} - 1$$

$$= \boxed{-\frac{1}{5}}$$ ……答

ワンポイント・アドバイス

2倍角の公式と三角関数の相互関係を利用します。

三角関数の相互関係

$$\sin^2\theta + \cos^2\theta = 1 \qquad \tan\theta = \frac{\sin\theta}{\cos\theta}$$

$$1 + \tan^2\theta = \frac{1}{\cos^2\theta}$$

2倍角の公式

$$\sin 2\alpha = 2\sin\alpha\cos\alpha$$

$$\cos 2\alpha = \cos^2\alpha - \sin^2\alpha = 2\cos^2\alpha - 1$$

$$= 1 - 2\sin^2\alpha$$

$$\tan 2\alpha = \frac{2\tan\alpha}{1-\tan^2\alpha}$$

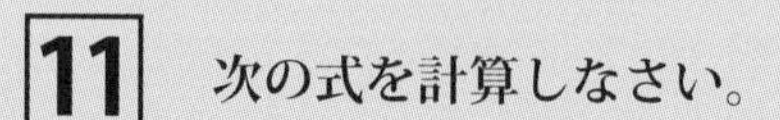

11 次の式を計算しなさい。

$$\sqrt[3]{16}\times\sqrt[3]{81}\div\sqrt[3]{6}$$

《3乗根の計算》

$$\sqrt[3]{16}\times\sqrt[3]{81}\div\sqrt[3]{6} = \sqrt[3]{\boxed{16\times 81\div 6}}$$

$$= \sqrt[3]{\boxed{216}} = \sqrt[3]{\boxed{6}^3} = \boxed{6}$$ ……答

12 次の方程式を解きなさい。

$$\log_2(x+1)+\log_2(3-x)=2$$

《対数方程式》

真数条件より，

$$x+1>0 \text{ かつ } 3-x>0$$

ですから，

$$-1<x<3 \qquad \cdots\cdots①$$

与式の底を 2 にそろえると，

$$\log_2(x+1)+\log_2(3-x)=2\boxed{\log_2 2}$$

$$\log_2\{(x+1)(3-x)\}=\log_2 2^2$$

真数を比較すると，

$$(x+1)(3-x)=\boxed{2}^2$$

$$-x^2+2x+3=\boxed{4}$$

$$\boxed{x^2-2x+1}=0$$

したがって，

$$(\boxed{x-1})^2=0$$

よって，$x=\boxed{1}$

これは，①をみたします。

 $\boxed{x=1}$

対数関数

$$a^p=M \Leftrightarrow p=\log_a M$$

このとき，a を底，p を指数，M を真数とよび次の条件をみたすものを考えます。

・底の条件：$\boldsymbol{a}>0$，$\boldsymbol{a}\neq 1$

・真数条件：$\boldsymbol{M}>0$

対数の性質

底の条件と真数条件をみたすとき

$$\log_a M + \log_a N = \log_a MN$$

$$\log_a M - \log_a N = \log_a \frac{M}{N}$$

$$k\log_a M = \log_a M^k$$

$$\log_a M = \frac{\log_b M}{\log_b a} \quad （底の変換公式）$$

$$a^{\log_a M} = M$$

また，$\log_a a = 1$，$\log_a 1 = 0$

13 直線 $y = 2x$ と垂直で，点（2，1）を通る直線の方程式を求めなさい。

《直線の垂直条件》 

$y = 2x$ と垂直な直線の傾きを m とおくと，

$$2 \times m = -1$$

より，

$$m = \boxed{-\frac{1}{2}}$$

また，直線の通る点は（2，1）ですから，求める直線は，

$$y - \boxed{1} = \boxed{-\frac{1}{2}}(x - \boxed{2})$$

$$\boxed{y = -\frac{1}{2}x + 2}$$ ……答

2 直線の垂直

① 直線 $y = mx + b$ と直線 $y = m'x + b'$ が垂直

$\Leftrightarrow \quad mm' = -1$

② 直線 $ax + by + c = 0$ と直線 $a'x + b'y + c' = 0$ が垂直 $\Leftrightarrow \quad aa' + bb' = 0$

14 次の和を求めなさい。

$$\frac{1}{2\cdot 4}+\frac{1}{4\cdot 6}+\frac{1}{6\cdot 8}+\cdots\cdots+\frac{1}{98\cdot 100}$$

《いろいろな数列の和》

数列 $2\cdot 4$，$4\cdot 6$，$6\cdot 8$，……の一般項は，

$$2n(2n+2)=4n(n+1)$$

であり，その逆数は，

$$\frac{1}{4n(n+1)}=\frac{1}{4}\left(\boxed{\frac{1}{n}-\frac{1}{n+1}}\right)$$

と，部分分数分解ができます。

したがって，求める和は

$$\frac{1}{2\cdot 4}+\frac{1}{4\cdot 6}+\frac{1}{6\cdot 8}+\cdots\cdots+\frac{1}{98\cdot 100}$$

$$=\frac{1}{4}\left(\boxed{\frac{1}{1}-\frac{1}{2}}\right)+\frac{1}{4}\left(\boxed{\frac{1}{2}-\frac{1}{3}}\right)+\frac{1}{4}\left(\boxed{\frac{1}{3}-\frac{1}{4}}\right)+\cdots+\frac{1}{4}\left(\boxed{\frac{1}{49}-\frac{1}{50}}\right)$$

$$=\frac{1}{4}\left(\boxed{\frac{1}{1}-\frac{1}{2}+\frac{1}{2}-\frac{1}{3}+\frac{1}{3}-\cdots\cdots+\frac{1}{49}-\frac{1}{50}}\right)$$

$$=\frac{1}{4}\left(\boxed{1-\frac{1}{50}}\right)=\frac{1}{4}\cdot\boxed{\frac{49}{50}}=\boxed{\frac{49}{200}}$$ ……答

部分分数分解をして和を求めると，きれいに途中の項が消えます。

階差型の和

$$\sum_{k=1}^{n}\{f(k)-f(k+1)\}=f(1)-f(n+1)$$

次のようなタイプがあります。

分数型：$\dfrac{1}{k(k+1)}=\dfrac{1}{k}-\dfrac{1}{k+1}$

無理数型：$\dfrac{1}{\sqrt{k}+\sqrt{k+1}}=-\sqrt{k}+\sqrt{k+1}$

連続整数型：$k(k+1)$

$=\dfrac{1}{3}\{-(k-1)k(k+1)$

$+k(k+1)(k+2)\}$

15 右の図の平行四辺形ABCDにおいて，$\overrightarrow{AC}=\vec{a}$，$\overrightarrow{BD}=\vec{b}$とするとき，$\overrightarrow{AB}$を$\vec{a}$，$\vec{b}$を用いて表しなさい。

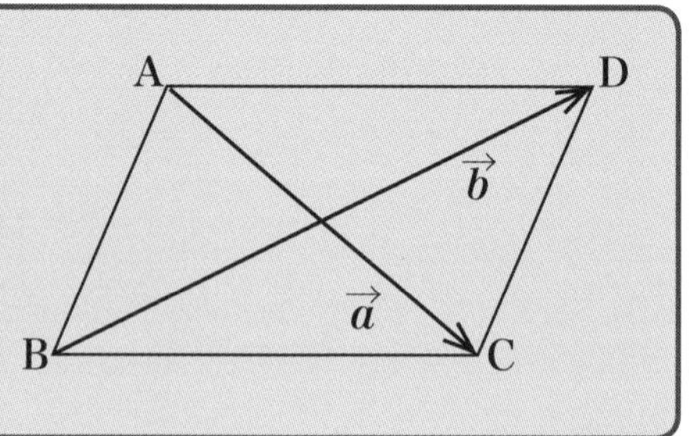

《ベクトル》

$\overrightarrow{AC}=\vec{a}$より，　$\overrightarrow{AB}+\overrightarrow{AD}=\vec{a}$　……①

$\overrightarrow{BD}=\vec{b}$より，　$\overrightarrow{AD}-\overrightarrow{AB}=\vec{b}$　……②

①－②より　$2\overrightarrow{AB}=\boxed{\vec{a}-\vec{b}}$

$\therefore\ \overrightarrow{AB}=\boxed{\dfrac{\vec{a}-\vec{b}}{2}}$　……答

ベクトルの加法

2つのベクトル $\vec{a}$，$\vec{b}$ の始点をそろえたとき，同じ始点から，$\vec{a}$ と $\vec{b}$ でつくられる平行四辺形の対角線となるベクトルを $\vec{a}$ **と** $\vec{b}$ **の和**といい，$\vec{a}+\vec{b}$ と表します。また，$\vec{a}+\vec{b}$ は，$\vec{a}$ の終点と $\vec{b}$ の始点をつなげたとき，$\vec{a}$ の始点と $\vec{b}$ の終点を結ぶベクトルと考えることもできます。

このとき，次の式が成り立ちます。

$\vec{a}+\vec{b}=\vec{b}+\vec{a}$ （交換法則）

$\vec{a}+(\vec{b}+\vec{c})=(\vec{a}+\vec{b})+\vec{c}$ （結合法則）

また，実数 k，ℓ について，

$k(\ell\vec{a})=(k\ell)\vec{a}$，$(k+\ell)\vec{a}=k\vec{a}+\ell\vec{a}$

$k(\vec{a}+\vec{b})=k\vec{a}+k\vec{b}$

とくに，$\vec{a}+(-\vec{a})=\vec{a}-\vec{a}=\vec{0}$，$\vec{a}+\vec{0}=\vec{a}$

ベクトルにおいては，始点が同じベクトル同士で計算するのが基本です。

第3回 2次 数理技能

1 次の問いに答えなさい。

選択

(1) p, q が有理数のとき，$p + q\sqrt{3} = 0$ ならば，$p = q = 0$ であることを証明しなさい。
ただし，$\sqrt{3}$ が無理数であることを用いてもよい。　　　（証明技能）

《命題と証明》

$p + q\sqrt{3} = 0$ より，$q\sqrt{3} = -p$

ここで，$\boxed{q \neq 0}$ と仮定すると，

$$\sqrt{3} = -\frac{p}{q}$$

ところが，右辺は $\boxed{\text{有理数}}$ であり，$\sqrt{3}$ が $\boxed{\text{無理数}}$ であることに矛盾する。

よって，$\boxed{q = 0}$ であり，このとき，$p + 0 \times \sqrt{3} = 0$

$p = \boxed{0}$

したがって，$p = q = 0$

(2) 次の等式をみたす有理数 p, q の値を求めなさい。

$$\frac{p}{2-\sqrt{3}} + \frac{q}{1+\sqrt{3}} = 4 + 5\sqrt{3}$$

《有理数と無理数》

$$\frac{p}{2-\sqrt{3}} + \frac{q}{1+\sqrt{3}} = 4 + 5\sqrt{3}$$

左辺の分母を有理化して，

$$\frac{p(\boxed{2+\sqrt{3}})}{(2-\sqrt{3})(\boxed{2+\sqrt{3}})}+\frac{q(\boxed{\sqrt{3}-1})}{(\sqrt{3}+1)(\boxed{\sqrt{3}-1})}=4+5\sqrt{3}$$

$$\frac{p(\boxed{2+\sqrt{3}})}{\boxed{4-3}}+\frac{q(\boxed{\sqrt{3}-1})}{\boxed{3-1}}=4+5\sqrt{3}$$

$$2p+\sqrt{3}\,p+\frac{\sqrt{3}}{2}q-\frac{q}{2}=4+5\sqrt{3}$$

$$\boxed{2p-\frac{q}{2}-4}+\left(\boxed{p+\frac{1}{2}q-5}\right)\sqrt{3}=0$$

(1) より，$\boxed{2p-\frac{q}{2}-4}=\boxed{0}$，$\boxed{p+\frac{1}{2}q-5}=\boxed{0}$

これらを解いて，$p=\boxed{3}$，$q=\boxed{4}$

答 $\boxed{p=3,\ q=4}$

2 選択 **次の問いに答えなさい。**

(1) 次の x の恒等式をみたす a，b，c の値を求めなさい。

$$\frac{6}{x(x+2)(x+3)}=\frac{a}{x}+\frac{b}{x+2}+\frac{c}{x+3}$$

《恒等式》

$$\frac{6}{x(x+2)(x+3)}=\frac{a}{x}+\frac{b}{x+2}+\frac{c}{x+3}$$

両辺の分母を払いますと，

$$6=a(x+2)(x+3)+bx(x+3)+cx(x+2)$$

$x=0$ を代入すると，　$6=a\cdot2\cdot3$　　$a=\boxed{1}$

$x=-2$ を代入すると，$6=b(-2)\cdot1$　　$b=\boxed{-3}$

$x=-3$ を代入すると，$6=c(-3)(-1)$　　$c=\boxed{2}$

逆に，$\frac{6}{x(x+2)(x+3)}=\frac{1}{x}-\frac{3}{x+2}+\frac{2}{x+3}$ は，$x=0$，-2，-3 を除くすべての x に対して成り立ちます。

よって，

$\boxed{a=1,\ b=-3,\ c=2}$ ……答

問題 p.38

恒等式

含まれている文字にどのような数を代入しても成り立つ等式を，その文字についての**恒等式**といいます。

例　$ax^2+bx+c=a'x^2+b'x+c'$ が x についての恒等式 $\Leftrightarrow$ $a=a'$ かつ $b=b'$ かつ $c=c'$

$ax^2+bx+c=0$ が x についての恒等式

$\Leftrightarrow$ $a=b=c=0$

1次式，3次式，4次式，……についても同様。

また，A, B が x についての n 次以下の整式であるとき，$A=B$ が異なる $(n+1)$ 個の x の値に対して成り立つ

$\Leftrightarrow$ $A=B$ は x についての恒等式である。

恒等式の係数の決定

係数比較法　両辺とも展開整理し，同類項どうしの係数を等しいとして，連立方程式を解きます。

数値代入法　x についての恒等式であれば，x に未知数と同じ個数の具体的な数値を代入し，連立方程式を解きます。

(2)　$\displaystyle\sum_{k=1}^{n}\frac{6}{k(k+2)(k+3)}$ を n の式で表しなさい。

《数列の和》

(1) より，

$$\sum_{k=1}^{n}\frac{6}{k(k+2)(k+3)}$$

$$=\sum_{k=1}^{n}\left(\frac{1}{k}-\frac{3}{k+2}+\frac{2}{k+3}\right)$$

部分分数分解をして，途中の項を消します。

$$=\sum_{k=1}^{n}\left\{\left(\frac{1}{k}-\frac{1}{k+2}\right)-2\left(\frac{1}{k+2}-\frac{1}{k+3}\right)\right\}$$

$$=\sum_{k=1}^{n}\left(\frac{1}{k}-\frac{1}{k+2}\right)-2\sum_{k=1}^{n}\left(\frac{1}{k+2}-\frac{1}{k+3}\right)$$

$$=A-2B$$

とすると，

$$A=\sum_{k=1}^{n}\left(\frac{1}{k}-\frac{1}{k+2}\right)$$

$$=\left(\frac{1}{1}-\frac{1}{3}\right)+\left(\frac{1}{2}-\frac{1}{4}\right)+\left(\frac{1}{3}-\frac{1}{5}\right)+\cdots\cdots+\left(\frac{1}{n-1}-\frac{1}{n+1}\right)$$

$$+\left(\frac{1}{n}-\frac{1}{n+2}\right)$$

$$=\frac{1}{1}+\frac{1}{2}-\frac{1}{n+1}-\frac{1}{n+2}=\left(1-\frac{1}{n+1}\right)+\left(\frac{1}{2}-\frac{1}{n+2}\right)$$

$$=\frac{(n+1)-1}{n+1}+\frac{(n+2)-2}{2(n+2)}$$

$$=\frac{n\{2(n+2)+(n+1)\}}{2(n+1)(n+2)}=\boxed{\frac{n(3n+5)}{2(n+1)(n+2)}}$$

$$B=\sum_{k=1}^{n}\left(\frac{1}{k+2}-\frac{1}{k+3}\right)$$

$$=\left(\frac{1}{3}-\frac{1}{4}\right)+\left(\frac{1}{4}-\frac{1}{5}\right)+\left(\frac{1}{5}-\frac{1}{6}\right)+\cdots\cdots+\left(\frac{1}{n+2}-\frac{1}{n+3}\right)$$

$$=\frac{1}{3}-\frac{1}{n+3}=\frac{(n+3)-3}{3(n+3)}=\boxed{\frac{n}{3(n+3)}}$$

$$\therefore\quad A-2B=\frac{n(3n+5)}{2(n+1)(n+2)}-\frac{2n}{3(n+3)}$$

$$=\frac{n\{3(3n+5)(n+3)-4(n+1)(n+2)\}}{6(n+1)(n+2)(n+3)}$$

$$=\boxed{\frac{n(5n^2+30n+37)}{6(n+1)(n+2)(n+3)}}$$ ……答

2次

第3回　解説・解答

総和記号Σ

$$a_1 + a_2 + \cdots\cdots + a_n = \sum_{k=1}^{n} a_k$$

と表します。このとき，次の式が成り立ちます。

$$\sum_{k=1}^{n} (\boldsymbol{a_k} \pm \boldsymbol{b_k}) = \sum_{k=1}^{n} a_k \pm \sum_{k=1}^{n} b_k \text{（複号同順）}$$

$$\sum_{k=1}^{n} \boldsymbol{c a_k} = c\sum_{k=1}^{n} a_k \text{（}c\text{ は }k\text{ と無関係な定数）}$$

階差型の和

$$\sum_{k=1}^{n} \{ \boldsymbol{f(k) - f(k+1)} \} = \boldsymbol{f(1) - f(n+1)}$$

例　この式の利用例に，次のようなタイプがあります。

分数型：$\dfrac{1}{k(k+1)} = \dfrac{1}{k} - \dfrac{1}{k+1}$

無理数型：$\dfrac{1}{\sqrt{k} + \sqrt{k+1}} = -\sqrt{k} + \sqrt{k+1}$

連続整数型：$k(k+1)$

$$= \frac{1}{3}\{-(k-1)k(k+1)$$
$$+ k(k+1)(k+2)\}$$

分数型は部分分数分解，無理数型は分母の有理化をすると，階差型の和に変形できます。

△ ABCにおいて，∠Aの二等分線と辺BCとの交点をDとするとき，

$$AD^2 = AB \cdot AC - BD \cdot CD$$

が成り立つことを証明しなさい。　（証明技能）

解説・解答 《平面図形》

角の二等分線の性質から，

$$BD : CD = AB : AC = c : b$$

したがって，

$$BD = \boxed{\frac{c}{c+b}}a,\quad CD = \boxed{\frac{b}{c+b}}a$$

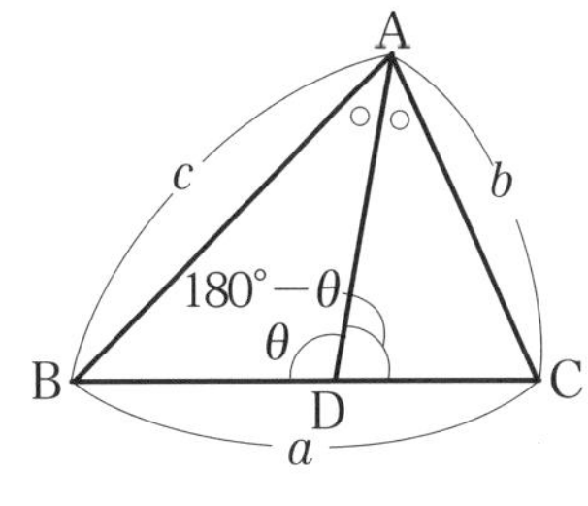

となります。

ここで，∠ADB $= \theta$ とおくと，∠ADC $= 180° - \theta$ となるから，

△ABDにおいて，余弦定理より，

$$AB^2 = AD^2 + BD^2 - 2AD \cdot BD\cos\theta$$

$$c^2 = AD^2 + \left(\frac{ca}{c+b}\right)^2 - 2AD \cdot \frac{ca}{c+b}\cos\theta \quad \cdots\cdots①$$

△ACDにおいて，余弦定理により，

$\cos(180° - \theta) = -\cos\theta$ より

$$AC^2 = AD^2 + CD^2 - 2AD \cdot CD\cos(180° - \theta)$$

$$b^2 = AD^2 + \left(\boxed{\frac{ba}{c+b}}\right)^2 + 2AD \cdot \boxed{\frac{ba}{c+b}}\cos\theta \quad \cdots\cdots②$$

①× b ＋②× c より，

$$bc^2 + b^2c = bAD^2 + cAD^2 + \frac{bc^2a^2}{(c+b)^2} + \boxed{\frac{cb^2a^2}{(c+b)^2}}$$

$$bc(c+b) = (b+c)AD^2 + \frac{a^2bc(c+b)}{(c+b)^2}$$

$$\therefore\quad AD^2 = cb - \frac{ca}{c+b} \cdot \boxed{\frac{ba}{c+b}}$$

$$= AB \cdot AC - BD \cdot CD$$

三角形と辺の比

右の図の△ABCにおいて，

∠Aの二等分線と辺BCとの交点をDとする。

$\Leftrightarrow$ AB：AC = BD：CD

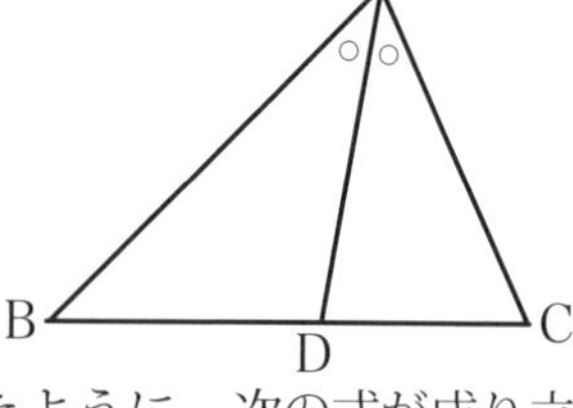

また，3の問題で証明したように，次の式が成り立ちます。

$$AD^2 = AB \cdot AC - BD \cdot CD$$

4 選択 x，y を整数とします。次の不定方程式の一般解を，整数 n を用いて表しなさい。　　　　（表現技能）

$$32x - 27y = 1$$

《不定方程式》 

まず，1組の整数解を見つけます。

ユークリッドの互除法を用いて，

$32 = 27 \cdot 1 + 5$ より，　$32 - 27 \cdot 1 = 5$　……①

$27 = 5 \cdot 5 + 2$ より，　$27 - 5 \cdot 5 = 2$　……②

$5 = 2 \cdot 2 + 1$ より，　$5 - 2 \cdot 2 = 1$　……③

②を③に代入すると，

$$5 - (27 - 5 \cdot 5) \cdot 2 = 1$$

$$5 - 27 \cdot 2 + 5 \cdot 10 = 1$$

$$5(1 + 10) - 27 \cdot 2 = 1$$

$$5 \cdot 11 - 27 \cdot 2 = 1 \quad \cdots\cdots④$$

①を④に代入すると，

$$(32 - 27 \cdot 1) \cdot 11 - 27 \cdot 2 = 1$$

$$32 \cdot 11 - 27 \cdot 11 - 27 \cdot 2 = 1$$

$$32 \cdot 11 - 27(11 + 2) = 1$$

$$32 \cdot 11 - 27 \cdot 13 = 1 \quad \cdots\cdots ⑤$$

したがって，与えられた式から⑤をひくと，

$$\begin{array}{rrl} & 32x - \quad 27y = & \\ -) & 32 \cdot 11 - \quad 27 \cdot 13 = & \\ \hline & 32(x - 11) - \boxed{27(y - 13)} = \boxed{0} & \end{array}$$

$$32(x - 11) = \boxed{27(y - 13)} \quad \cdots\cdots ⑥$$

⑥より，$32(x - 11)$ は 27 の倍数であることがわかります。ところが，32 と 27 は互いに素ですから，$x - 11$ が 27 の倍数であることがわかります。

したがって，整数 n を用いて，次のように表すことができます。

$$x - 11 = 27n$$

$$x = \boxed{27n + 11}$$

これを⑥に代入すると，

$$32 \cdot 27n = \boxed{27(y - 13)}$$

$$y = \boxed{32n + 13}$$

答 $\begin{cases} x = \boxed{27n + 11} \\ y = \boxed{32n + 13} \end{cases}$ （n は整数）

ユークリッドの互除法

2つの自然数 a，b（$a > b$）に対し，次のようにすると，a と b の最大公約数 $\boldsymbol{r_n}$ を求めることができます。

a を b でわった余りを r_1 とし，
b を r_1 でわった余りを r_2 とし，
r_1 を r_2 でわった余りを r_3 とし，
⋮
r_{n-2} を r_{n-1} でわった余りを r_n とし，
r_{n-1} が r_n でわり切れたとします。

わり切れた式におけるわる数が，もとの2数 a，b の最大公約数となります。

問題◀◀p.39

3 次関数 $f(x) = 2x^3 - 3x^2 - 6x + 1$ の極値を求めなさい。

解説・解答 《3 次関数》

$f(x) = 2x^3 - 3x^2 - 6x + 1$ を微分すると，

$f'(x) = 6x^2 - 6x - 6 = 6(x^2 - x - 1)$

$f'(x) = 0$ とおくと，

$x^2 - x - 1 = 0$

解の公式を使って解くと，

$x = \dfrac{1 \pm \sqrt{5}}{2}$

x	…	$\dfrac{1-\sqrt{5}}{2}$	…	$\dfrac{1+\sqrt{5}}{2}$	…
$f'(x)$	$+$	0	$-$	0	$+$
$f(x)$	↗	極大	↘	極小	↗

よって，増減表は右上のようになります。

したがって，極値は，$f\left(\dfrac{1 \pm \sqrt{5}}{2}\right)$ となります。

ここで，

$$f(x) = \underline{(x^2 - x - 1)(2x - 1) - 5x}$$
$$= \frac{1}{6}f'(x)(2x - 1) - 5x$$

ポイント
次ページのワンポイント・アドバイスを参照。

ですから，$f'\left(\dfrac{1 \pm \sqrt{5}}{2}\right) = 0$ より，

$$f\left(\frac{1 \pm \sqrt{5}}{2}\right) = -5 \cdot \frac{1 \pm \sqrt{5}}{2} = \frac{-5 \mp 5\sqrt{5}}{2} \text{（複号同順）}$$

答　極大値は，$\boxed{\dfrac{-5 + 5\sqrt{5}}{2}}$ $\left(x = \boxed{\dfrac{1-\sqrt{5}}{2}}\right)$

極小値は，$\boxed{\dfrac{-5 - 5\sqrt{5}}{2}}$ $\left(x = \boxed{\dfrac{1+\sqrt{5}}{2}}\right)$

ワンポイント・アドバイス

$$
\begin{array}{rrrrr}
 & & 2x & -1 & \\
\hline
x^2-x-1 \,\big) & 2x^3 & -3x^2 & -6x & +1 \\
 & 2x^3 & -2x^2 & -2x & \\
\hline
 & & -x^2 & -4x & +1 \\
 & & -x^2 & +x & +1 \\
\hline
 & & & -5x &
\end{array}
$$

極大値と極小値

関数 $y = f(x)$ において，$x = a$ の前後で $f'(x)$ の符号が正から負に変わる場合，$x = a$ で $f(x)$ は**極大**となり，そのときの $f(x)$ の値を**極大値**といいます。また，$x = a$ の前後で $f'(x)$ の符号が負から正に変わる場合，$x = a$ で $f(x)$ は**極小**となり，そのときの $f(x)$ の値を**極小値**といいます。極大値と極小値を合わせて**極値**といいます。

極大値や極小値は，5の解説・解答に示したような**増減表**を使って調べることができます。

等式 ${}_{k+1}C_r = {}_kC_r + {}_kC_{r-1}$ を証明しなさい。

（証明技能）

《組合せ》 

$$ {}_kC_r + {}_kC_{r-1} = \frac{k!}{\boxed{(k-r)\,!r!}} + \frac{k!}{\boxed{(k-r+1)\,!\,(r-1)!}} $$

$$ = \frac{k!\,(k-r+1) + k!r}{\boxed{(k-r+1)\,!r!}} $$

$$ = \frac{k!\,(\boxed{k-r+1+r})}{\boxed{(k-r+1)\,!r!}} $$

$$ = \frac{k!\,(\boxed{k+1})}{\boxed{(k-r+1)\,!r!}} $$

$$= \frac{\boxed{(k+1)!}}{\boxed{(k+1-r)!r!}}$$

$$= {}_{k+1}C_r$$

この等式は次のような意味です。

$k+1$ 個から r 個選ぶ場合の数を,

（ア）特定の 1 個（仮に A とする）が r 個の中に含まれない場合

（イ）特定の 1 個（A）が r 個の中に含まれる場合

の和として求める。

（ア）の場合の数は，A を除く残りの k 個から r 個を選ぶから，

${}_kC_r$ 通り

（イ）の場合の数は, A を除く残りの k 個から $r-1$ 個を選ぶから,

${}_kC_{r-1}$ 通りとなるから,

$${}_{k+1}C_r = {}_kC_r + {}_kC_{r-1}$$

7 必須

2 次方程式 $x^2+ax+b=0$（a, b は実数）の 2 つの解 α, β が $|\alpha| \leqq 1$ かつ $|\beta| \leqq 1$ をみたすとき，次の問いに答えなさい。ただし, 複素数 z の絶対値は, z の共役複素数 $\bar{z}$ を用いて, $|z| = \sqrt{z \cdot \bar{z}}$ であるとします。

(1) 点（a, b）の存在範囲を図示しなさい。

《領域》

与えられた方程式は実数係数の 2 次方程式ですから，2 つの解 α，β は，ともに実数，ともに虚数のいずれかです。

(i) ともに実数の場合　判別式 D について,

$$D = a^2 - 4 \cdot 1 \cdot b \geqq 0 \text{ より，} b \leqq \boxed{\frac{1}{4}a^2}$$

このとき，$-1 \leqq x \leqq 1$ で 2 つの解をもつ条件は,

$f(x) = x^2 + ax + b$ について,

$f(x)=x^2+ax+b$

$-1 \leqq -\dfrac{a}{2} \leqq 1$ ← $-1 \leqq$ 軸 $\leqq 1$

$\boxed{2} \geqq a \geqq \boxed{-2}$

x　-1　1

$f(1)=1+a+b \geqq 0$,

$b \geqq \boxed{-a-1}$

$f(-1)=1-a+b \geqq 0$, $b \geqq \boxed{a-1}$

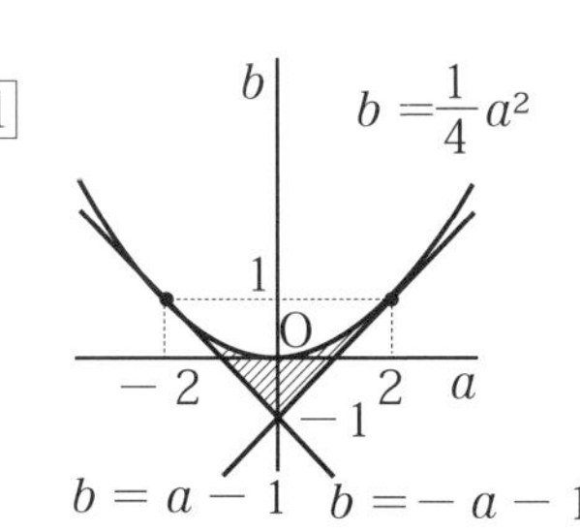

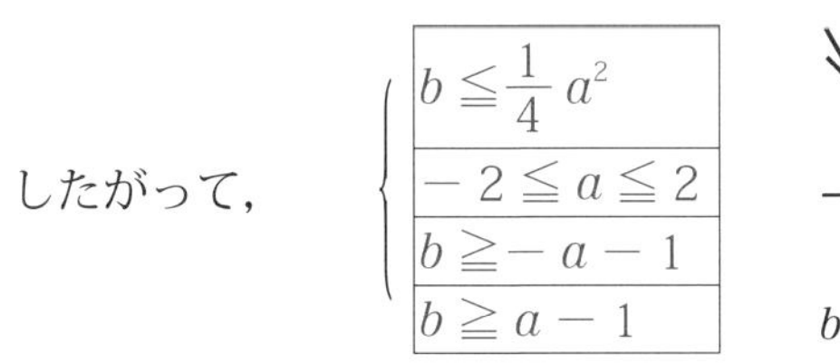

したがって,
$$\begin{cases} \boxed{b \leqq \dfrac{1}{4}a^2} \\ \boxed{-2 \leqq a \leqq 2} \\ \boxed{b \geqq -a-1} \\ \boxed{b \geqq a-1} \end{cases}$$

(ii)　ともに虚数の場合　判別式Dについて,

$D=a^2-4\cdot1\cdot b<0$ より, $b>\boxed{\dfrac{1}{4}a^2}$

このとき, 虚数解α, βは共役複素数どうしであるから実数p, qを用いて, $\alpha=p+qi$, $\beta=p-qi$と表せます。すると,

$|\alpha|=|\beta|=\sqrt{(p+qi)(p-qi)}=\sqrt{p^2+q^2} \leqq 1$

$p^2+q^2 \leqq 1$

また, 解と係数の関係から,

$\alpha\beta=(p+qi)(p-qi)$

$=p^2+q^2=b$ より,

$0 \leqq b \leqq 1$

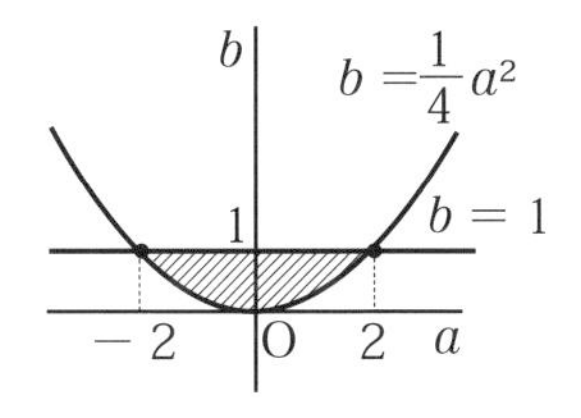

したがって,
$$\begin{cases} \boxed{b>\dfrac{1}{4}a^2} \\ \boxed{0 \leqq b \leqq 1} \end{cases}$$

よって，(i)，または (ii) より，右の図の斜線部分で境界を含みます。

答

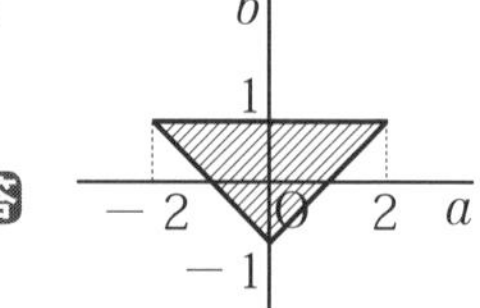

(2) (1) で求めた領域の面積を求めなさい。 （測定技能）

解説・解答 《面積》

求める面積は，図のような三角形の面積ですから，

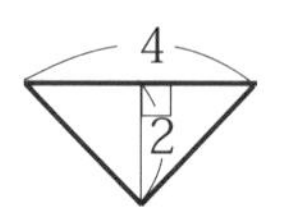

$$\frac{1}{2}\cdot\boxed{4}\cdot\boxed{2}=\boxed{4}$$ ……答

重要 2次方程式の解の配置

$f(x)=ax^2+bx+c$ ($a>0$，a，b，c は実数) において，2次方程式 $f(x)=0$ の解の判別式を D とすると，$D=b^2-4ac$

① $ax^2+bx+c=0$ が k より大きい異なる2解をもつ

$$\Leftrightarrow \begin{cases} D>0 \\ \text{軸}>k \\ f(k)>0 \end{cases}$$

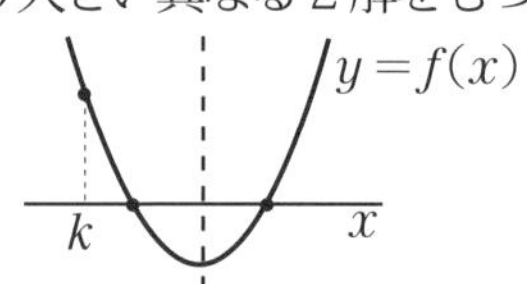

② $ax^2+bx+c=0$ が k より小さい異なる2解をもつ

$$\Leftrightarrow \begin{cases} D>0 \\ \text{軸}<k \\ f(k)>0 \end{cases}$$

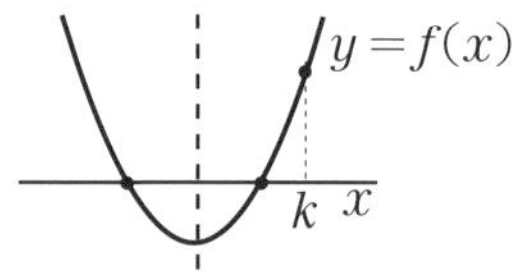

③ $ax^2+bx+c=0$ が k より大きい解と小さい解をもつ

$\Leftrightarrow f(k)<0$

このとき，$f(k)<0$ より，$y=f(x)$ のグラフは x 軸と必ず2点で交わるから，$D>0$ であることを調べる必要はない。

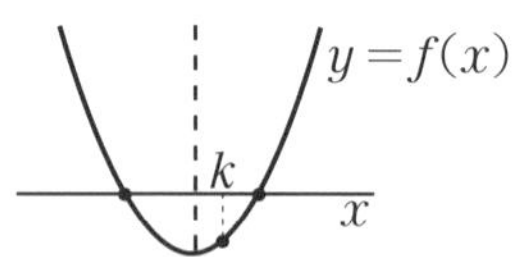

第4回 1次 計算技能

1 次の不等式を解きなさい。

$$|2x-1|<3$$

《不等式》

$$|2x-1|<3$$

絶対値をはずすと，

$$-3<2x-1<3$$

$$-2<2x<4$$

$$\boxed{-1<x<2}$$ ……答

すべての辺を2でわります。

1次不等式

$a>b$ のとき，$a+c>b+c$，　$a-c>b-c$

$k>0$ のとき，$ak>bk$，　$\dfrac{a}{k}>\dfrac{b}{k}$

$k<0$ のとき，$ak<bk$，　$\dfrac{a}{k}<\dfrac{b}{k}$

絶対値を含む方程式・不等式

$a>0$ とするとき，

$|x|=a$ の解は，$x=\pm a$

$|x|<a$ の解は，$-a<x<a$

$|x|>a$ の解は，$x<-a$，$a<x$

問題 p.40，p.42

2 $x=\sqrt{5}-2$ のとき，$x^2+\dfrac{1}{x^2}$ の値を求めなさい。

《式の値》

$x=\sqrt{5}-2$ より，

$$\frac{1}{x}=\frac{1}{\sqrt{5}-2}$$

$$=\frac{\sqrt{5}+2}{(\sqrt{5}-2)(\sqrt{5}+2)}$$

分母を有理化します。

$$=\frac{\sqrt{5}+2}{5-4}=\boxed{\sqrt{5}+2}$$

したがって，

$$x+\frac{1}{x}=\sqrt{5}-2+\boxed{\sqrt{5}+2}=\boxed{2\sqrt{5}}$$

ゆえに，

$$\underline{x^2+\frac{1}{x^2}=\left(x+\frac{1}{x}\right)^2-2\cdot x\cdot\frac{1}{x}}$$

ポイント

$$=(\boxed{2\sqrt{5}})^2-2$$

$$=\boxed{18}$$ ……答

ワンポイント・アドバイス

$x^2+\dfrac{1}{x^2}$ の値を求めるには，$x+\dfrac{1}{x}$ の値を求めてから，上のポイントのように変形します。

分母の有理化

分母を根号をふくまない形になおすことを，分母を**有理化**するといいます。

$a>0$，$b>0$ のとき，

$$\frac{m}{\sqrt{a}+\sqrt{b}}=\frac{m(\sqrt{a}-\sqrt{b})}{(\sqrt{a}+\sqrt{b})(\sqrt{a}-\sqrt{b})}=\frac{m(\sqrt{a}-\sqrt{b})}{a-b}$$

3 2次関数 $y=-\frac{1}{2}x^2+x+\frac{1}{2}$ の頂点の座標を求めなさい。

《2次関数のグラフ》

$$y=-\frac{1}{2}x^2+x+\frac{1}{2}$$

$$=-\frac{1}{2}(\boxed{x^2-2x})+\frac{1}{2}$$

$$=-\frac{1}{2}\{(\boxed{x^2-2x+1})-1\}+\frac{1}{2}$$

$$=-\frac{1}{2}(\boxed{x-1})^2+\boxed{\frac{1}{2}}+\frac{1}{2}$$

$$=-\frac{1}{2}(\boxed{x-1})^2+\boxed{1}$$

平方完成
$y=ax^2+bx+c$ を
$y=a(x-p)^2+q$ の
形に変形します。

…… $y=a(x-p)^2+q$ のグラフの頂点の座標は $(p,\ q)$

したがって，頂点は $\boxed{(1,\ 1)}$

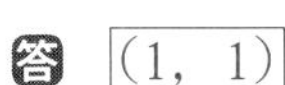

答 $(1,\ 1)$

2次関数の頂点の座標

① 2次関数 $y=ax^2+bx+c$ は，$y=a(x-p)^2+q$ の形に表すことができます（**平方完成**）。このとき，頂点の座標は $(p,\ q)$ です。

② 2次関数 $y=ax^2+bx+c$ のグラフは，$y=ax^2$ のグラフを平行移動した放物線です。

軸は　直線 $x=-\frac{b}{2a}$

頂点は　点 $\left(-\frac{b}{2a},\ -\frac{b^2-4ac}{4a}\right)$

4 △ABCにおいて，∠A = 60°，∠B = 75°，AB = 3であるとき，△ABCの外接円の半径を求めなさい。

《正弦定理》

$\angle C = 180^\circ - (\boxed{60^\circ} + \boxed{75^\circ}) = 45^\circ$

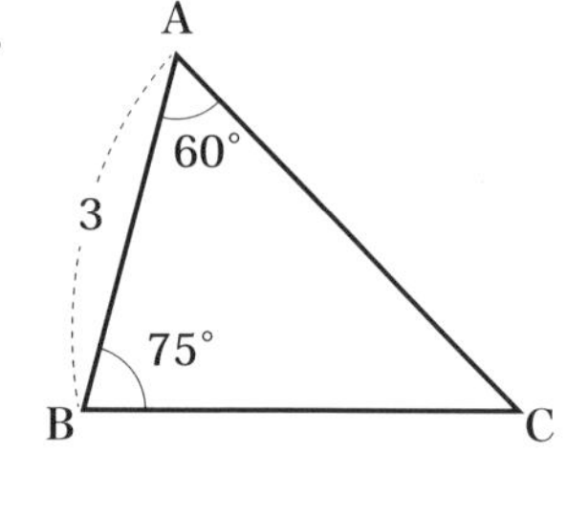

△ABCの外接円の半径をRとすると，

正弦定理より，

$$\frac{AB}{\sin C} = 2R$$

$$\frac{\boxed{3}}{\sin \boxed{45^\circ}} = 2R$$

$$R = \frac{\boxed{3}}{2\sin\boxed{45^\circ}}$$

$$= \boxed{\frac{3}{\sqrt{2}}} = \boxed{\frac{3\sqrt{2}}{2}}$$

$2\sin 45^\circ = 2 \times \frac{\sqrt{2}}{2} = \sqrt{2}$

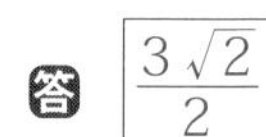

$\boxed{\frac{3\sqrt{2}}{2}}$

正弦定理

△ABCの外接円の半径をRとすると，

$$\frac{a}{\sin A} = \frac{b}{\sin B} = \frac{c}{\sin C} = 2R$$

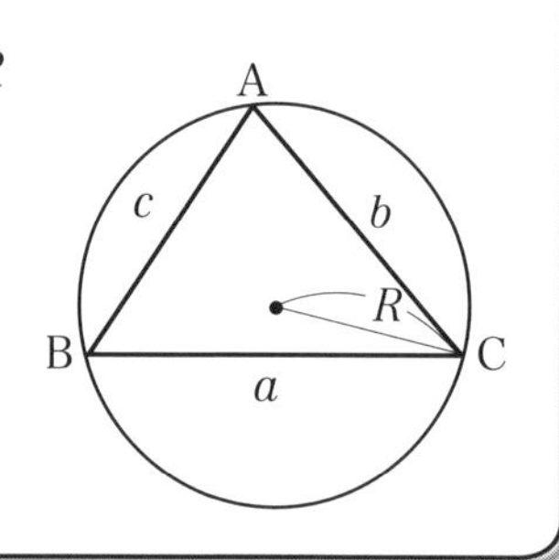

2角と1辺が与えられて，辺の長さを求めるときや，外接円の半径が出てきたときに，正弦定理が使えるかどうか考えましょう。

関数 $f(x)=(3x-2)(2x+1)$ について，微分係数 $f'(-3)$ を求めなさい。

《微分係数》

導関数の公式を用いて微分します。

$$f(x)=(3x-2)(2x+1)$$
$$=6x^2-x-2$$

これを微分すると，

$$f'(x)=6\cdot\boxed{2x}-1-0$$
$$=\boxed{12x}-1$$

この式に $x=-3$ を代入すると，

$$f'(-3)=12\cdot(\boxed{-3})-1$$
$$=\boxed{-37}$$ ……答

微分係数の定義にしたがって，次のように求めることもできます。

$$f'(-3)=\lim_{h\to 0}\frac{f(-3+h)-f(-3)}{h}$$

$$=\lim_{h\to 0}\frac{\{6(-3+h)^2-(-3+h)-2\}-\{6(-3)^2-(-3)-2\}}{h}$$

$$=\lim_{h\to 0}(\boxed{6h-37})$$

$$=\boxed{-37}$$ ……答

導関数

n を正の整数，c を定数とするとき，

$(x^n)'=nx^{n-1}$　　　とくに，$(c)'=0$

微分係数の定義

$$f'(a)=\lim_{h\to 0}\frac{f(a+h)-f(a)}{h}$$

6 袋の中に赤玉が 2 個，白玉が 3 個入っています。この袋の中から無作為に 2 個の玉を取り出すとき，同色の玉を取り出す確率を求めなさい。

《確率》

すべての玉を区別して考えます。

すべての玉の取り出し方は，5 個の玉から 2 個の玉を取り出す場合ですから，

$${}_5C_2 = \frac{\boxed{5 \cdot 4}}{2 \cdot 1} = \boxed{10} \text{（通り）}$$

同色の玉の取り出し方は，

赤玉から 2 個を取り出すとき　${}_2C_2 = \boxed{1}$（通り）

白玉から 2 個を取り出すとき　${}_3C_2 = \frac{\boxed{3 \cdot 2}}{2 \cdot 1} = \boxed{3}$（通り）

したがって，同色の玉の取り出し方は，全部で $\boxed{1} + \boxed{3}$ より，$\boxed{4}$ 通り。

よって，求める確率は，$\frac{\boxed{4}}{10} = \boxed{\frac{2}{5}}$ ……答

組合せの総数

n 個から r 個を取り出す組合せの総数は，次の式で求めることができます。

$${}_nC_r = \frac{n!}{r!(n-r)!} \quad {}_nC_n = 1 \quad {}_nC_0 = 1$$

確率

全事象 U のどの根元事象も同様に確からしいとき，

$$P(A) = \frac{n(A)}{n(U)} = \frac{\textbf{事象 } A \textbf{ の起こる場合の数}}{\textbf{起こりうるすべての場合の数}}$$

ただし，$P(A)$ は，ある事象 A の起こることが期待される割合，$n(U)$ は全事象 U の要素の個数，$n(A)$ は事象 A の要素の個数を表しています。

7 △ABCにおいて，辺BCの中点をMとし，AMの中点をNとするとき，AL：LBを求めなさい。

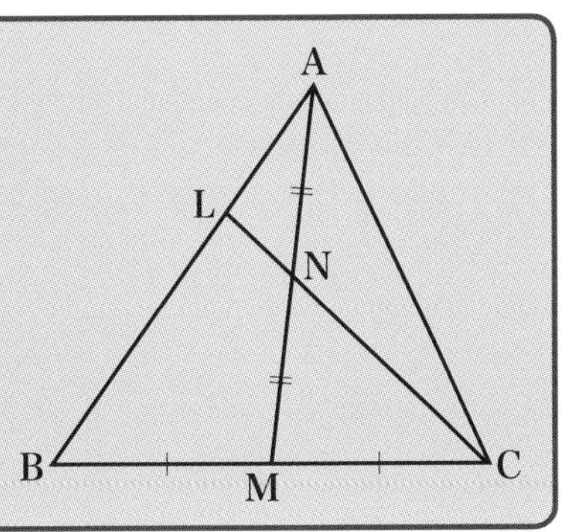

《図形の性質》

△ABMと直線LCについてメネラウスの定理を用いると，

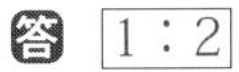

$$\frac{AL}{LB}\times\boxed{\frac{BC}{CM}}\times\boxed{\frac{MN}{NA}}=1$$

$$\frac{AL}{LB}\times\boxed{\frac{2}{1}}\times\boxed{\frac{1}{1}}=1$$

$$\frac{AL}{LB}=\boxed{\frac{1}{2}}$$

ゆえに　AL：LB＝$\boxed{1}$：$\boxed{2}$

答 $\boxed{1：2}$

メネラウスの定理

△ABCの辺BC，CA，AB，またはその延長が，三角形の頂点を通らない1つの直線ℓと，それぞれ点D，E，Fで交わるとき，

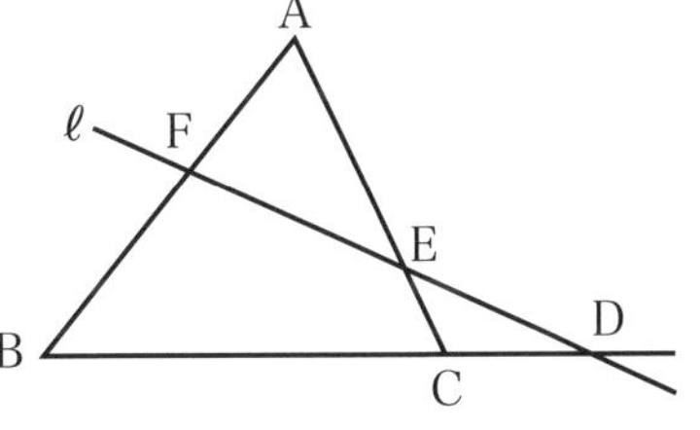

$$\frac{BD}{DC}\cdot\frac{CE}{EA}\cdot\frac{AF}{FB}=1$$

8　7 進法で $235_{(7)}$ と表されている数を 10 進法になおしなさい。

《記数法》

10 進法で表すと，

$2\times7^2+3\times\boxed{7}+5\times1$

$=98+21+5$

$=\boxed{124}$ ……答

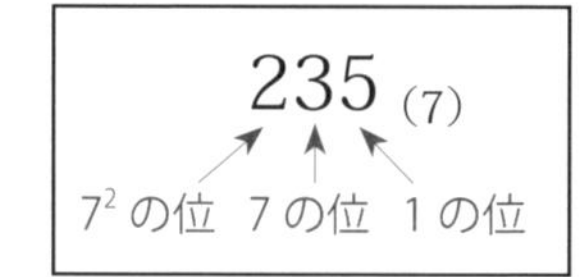

位取り記数法

10 進法や 2 進法のように，各位の数を上から並べて数を表す方法を**位取り記数法**といいます。

***n* 進法**

2 以上の自然数 n について，n を位取りの基礎とする記数法を **n 進法**といい，右下に(n)をつけて表します。10 進法のとき，(10) は省略します。n 進法で各位に用いる数字は 0，1，2，……，$n-1$ です。

例　$123.4_{(8)}=1\times8^2+2\times8^1+3\times1+4\times\frac{1}{8}=83.5$

9　次の方程式を解きなさい。

$$2x^3+3x^2+3x+1=0$$

《3 次方程式》

与式は，$x=-\frac{1}{2}$を代入すると成り立つから，$\boxed{x+\frac{1}{2}}$を因数にもちます。そこで，組立除法を利用します。

2	3	3	1	$-\frac{1}{2}$
	-1	-1	-1	
2	2	2	0	

よって，与式は，

$$\left(\boxed{x+\frac{1}{2}}\right)(2x^2+2x+2)=0$$

$$(\boxed{2x+1})(x^2+x+1)=0$$

$$\therefore\quad x=\boxed{-\frac{1}{2}},\ \boxed{\frac{-1\pm\sqrt{3}\,i}{2}}\quad\cdots\cdots 答$$

組立除法

整式を1次式でわるときに用いる簡単な計算方法。$(ax^3+bx^2+cx+d)\div(x-\alpha)$ を次の手順で計算することができます。

$$\begin{array}{ccccc|l} a & b & c & d & & \alpha \\ \downarrow & \downarrow + & \downarrow + & \downarrow + & & \\ & a\alpha & p\alpha & q\alpha & & \\ \hline a & b+a\alpha & c+p\alpha & d+q\alpha & & \\ & \| & \| & \| & & \\ & p\text{とする} & q\text{とする} & r\text{とする} & & \end{array}$$

商は，ax^2+px+q，余りは r となります。

10 θ は鋭角で，$\cos\theta=\dfrac{1}{3}$ をみたすとき，次の問いに答えなさい。

① $\cos 2\theta$ の値を求めなさい。

《三角関数》

2倍角の公式より，

$$\cos 2\theta=\boxed{2\cos^2\theta-1}$$

この式に $\cos\theta=\dfrac{1}{3}$ を代入すると，

$$\cos 2\theta=2\times\left(\frac{1}{3}\right)^2-1$$

$$=\frac{2}{9}-1$$

$$=\boxed{-\frac{7}{9}}\quad\cdots\cdots 答$$

② $\sin\dfrac{\theta}{2}$の値を求めなさい。

《三角関数》

半角の公式より，

$$\sin^2\frac{\theta}{2}=\boxed{\frac{1-\cos\theta}{2}}$$

この式に $\cos\theta=\dfrac{1}{3}$を代入すると，

$$\sin^2\frac{\theta}{2}=\frac{1-\frac{1}{3}}{2}=\frac{1}{3}$$

ここで，$0<\theta<\dfrac{\pi}{2}$より，$0<\dfrac{\theta}{2}<\dfrac{\pi}{4}$

よって，$\sin\dfrac{\theta}{2}\boxed{>}0$ ですから，

$$\sin\frac{\theta}{2}=\boxed{\frac{1}{\sqrt{3}}}=\boxed{\frac{\sqrt{3}}{3}}$$ ……答

2倍角の公式

$$\sin 2\alpha=2\sin\alpha\cos\alpha$$

$$\cos 2\alpha=\cos^2\alpha-\sin^2\alpha=2\cos^2\alpha-1$$
$$=1-2\sin^2\alpha$$

$$\tan 2\alpha=\frac{2\tan\alpha}{1-\tan^2\alpha}$$

半角の公式

$$\sin^2\frac{\alpha}{2}=\frac{1-\cos\alpha}{2}\qquad\cos^2\frac{\alpha}{2}=\frac{1+\cos\alpha}{2}$$

$$\tan^2\frac{\alpha}{2}=\frac{1-\cos\alpha}{1+\cos\alpha}$$

11 不等式 $4^x - 2^x - 12 < 0$ を解きなさい。

解説・解答 《指数関数》

$4^x - 2^x - 12 < 0$

$2^{2x} - 2^x - 12 < 0$

$t = 2^x$ とおく（$t > 0$）

$\boxed{t^2 - t - 12} < 0$ ……2次不等式に帰着します。

$(\boxed{t+3})(\boxed{t-4}) < 0$

$\boxed{-3} < t < \boxed{4}$

$t > 0$ より，$\boxed{0} < t < \boxed{4}$

$0 < 2^x < \boxed{2^2}$ ……t を戻します。

底 $\boxed{2}$ は $\boxed{1}$ より大きいので，$x < 2$ ……不等号の向きはかわりません。

答 $\boxed{x < 2}$

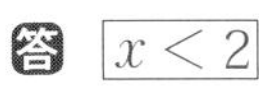

重要 指数関数

$y = a^x$ （$a > 0$，$a \neq 1$）

・$a > 1$ のとき，$p < q \Leftrightarrow a^p < a^q$

・$0 < a < 1$ のとき，$p < q \Leftrightarrow a^p > a^q$

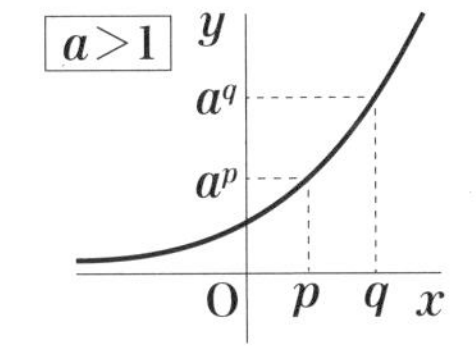

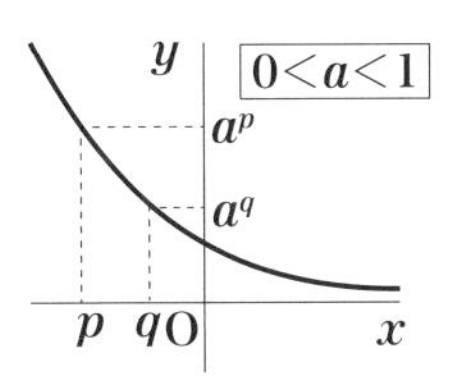

$a^{\frac{x}{2}}-a^{-\frac{x}{2}}=3$ のとき，a^x+a^{-x} の値を求めなさい。

《指数》

$a^{\frac{x}{2}}-a^{-\frac{x}{2}}=3$ の両辺を平方すると，

$$(a^{\frac{x}{2}})^2-2\,a^{\frac{x}{2}}a^{-\frac{x}{2}}+(a^{-\frac{x}{2}})^2=9$$

$$a^x-2a^0+a^{-x}=9$$

$$a^x-\boxed{2}+a^{-x}=9$$

$$\therefore\quad a^x+a^{-x}=\boxed{11}$$ ……答

指数法則

a，b を 1 でない正の数，s，t を実数とするとき，

$$a^s\times a^t=a^{s+t}$$

$$a^s\div a^t=a^{s-t}$$

$$(a^s)^t=a^{st}$$

$$(a\times b)^s=a^s\times b^s$$

3^5 の正の約数の和を求めなさい。

《等比数列の和》

3^5 の正の約数は，$\boxed{1}$，$\boxed{3}$，$\boxed{3^2}$，$\boxed{3^3}$，$\boxed{3^4}$，$\boxed{3^5}$ なので，総和は，

$$1+3+3^2+3^3+3^4+3^5=\frac{\boxed{3^6-1}}{\boxed{3-1}}$$

初項 1，公比 3 の等比数列の初項から第 6 項までの和になります。

$$=\frac{\boxed{729-1}}{\boxed{2}}=\boxed{364}$$

等比数列

各項に一定の数 r をかけると次の項の値となるとき，この数列を**等比数列**といい，r を**公比**とよぶ。等比数列 $\{a_n\}$ において，$a_{n+1} = ra_n$

初項 a, 公比 r の等比数列 $\{a_n\}$ の一般項は $a_n = ar^{n-1}$

初項から第 n 項までの和 S_n は

$$S_n = \begin{cases} \dfrac{a(1-r^n)}{1-r} = \dfrac{a(r^n-1)}{r-1} & (r \neq 1) \\ na & (r = 1) \end{cases}$$

14 3点 A(1, 1)，B(4, 7)，C(5, −3) があります。このとき，次の問いに答えなさい。

① 線分 AB を 2：1 に内分する点を P とし，外分する点を Q とします。点 P，Q の座標を求めなさい。

《内分点・外分点》

点 P の座標は，内分点の公式より，

$$P\left(\frac{1 \cdot 1 + 2 \cdot 4}{2+1},\ \frac{1 \cdot 1 + 2 \cdot 7}{2+1}\right)$$

よって，P(3, 5)

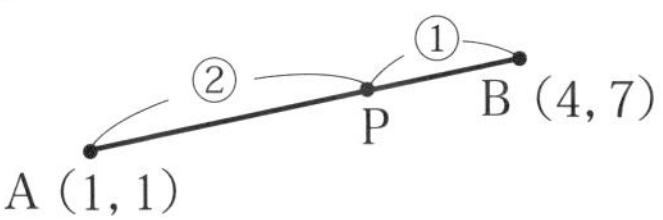

点 Q の座標は，外分点の公式より，

$$Q\left(\frac{(-1) \cdot 1 + 2 \cdot 4}{2-1},\ \frac{(-1) \cdot 1 + 2 \cdot 7}{2-1}\right)$$

よって，Q(7, 13)

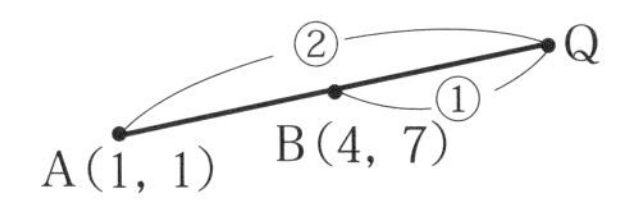

答 P(3, 5)，Q(7, 13)

② △CPQ の重心の座標を求めなさい。

《重心》

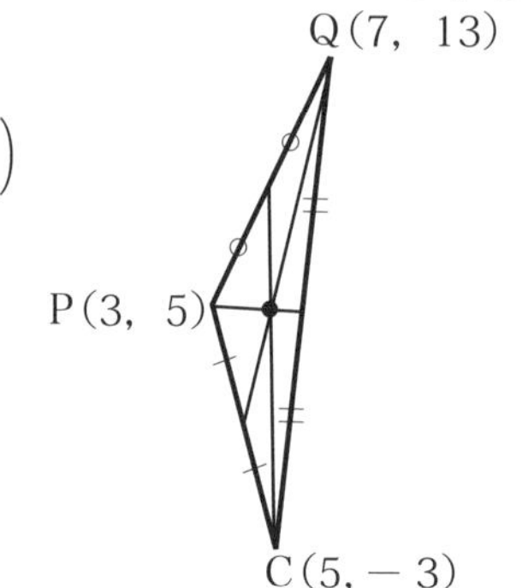

△CPQ の重心の座標は，

$$\left(\frac{5+3+7}{3},\ \boxed{\frac{-3+5+13}{3}}\right)$$

より，$\boxed{(5,\ 5)}$

答 $\boxed{(5,\ 5)}$

内分点・外分点

数直線上の 2 点 A(a)，B(b) に対して，線分 AB を $m:n$ に内分する点を P，外分する点を Q とします。ただし，$m>0$，$n>0$ とします。このとき，

点 P の座標は，$\boldsymbol{x}=\dfrac{na+mb}{m+n}$

A(a) ─ m ─ P(x) ─ n ─ B(b)

点 Q の座標は，$\boldsymbol{x}=\dfrac{-na+mb}{m-n}$ $(m \neq n)$

A(a) ─ B(b) ─ Q(x)，AQ $= m$，BQ $= n$ ($m>n$ のときの図)

とくに線分 AB の中点の座標は，$\boldsymbol{x}=\dfrac{a+b}{2}$

重心の座標

平面上の 3 点 A(x_1, y_1)，B(x_2, y_2)，C(x_3, y_3) を頂点とする△ABC の重心 G の座標は，

$$\mathrm{G}\left(\frac{x_1+x_2+x_3}{3},\ \frac{y_1+y_2+y_3}{3}\right)$$

15 $\vec{a}=(1,\ t,\ 4)$ と，$\vec{b}=\left(1-t,\ \frac{5}{2}t-1,\ 2\right)$ が平行となる t の値を求めなさい。

《ベクトル》

$\vec{a}\parallel\vec{b} \iff \vec{b}=k\vec{a}$ ですから，

$$\left(1-t,\ \frac{5}{2}t-1,\ 2\right)=k(1,\ t,\ 4)$$
$$=(\boxed{k,\ kt,\ 4k})$$

各成分を比較すると，

$$\begin{cases} 1-t=k & \cdots\cdots① \\ \boxed{\frac{5}{2}t-1=kt} & \cdots\cdots② \\ 2=4k & \cdots\cdots③ \end{cases}$$

③より，$k=\boxed{\frac{1}{2}}$

①に代入すると，$1-t=\boxed{\frac{1}{2}}$

$$t=\boxed{\frac{1}{2}}$$

これらを②に代入すると，

$$\frac{5}{4}-1=\boxed{\frac{1}{4}}$$

となり，成り立つから，

$$t=\boxed{\frac{1}{2}} \quad \cdots\cdots 答$$

ベクトルの平行条件

$\vec{a}\neq\vec{0}$，$\vec{b}\neq\vec{0}$ で，$\vec{a}$，$\vec{b}$ が平行であるとき，$\vec{a}\parallel\vec{b}$ と表します。このとき，

$$\vec{a}\parallel\vec{b} \iff \vec{b}=k\vec{a}$$

となる実数が存在します。

第4回 2次 数理技能

1 選択

素数が無限に存在することを，背理法を用いて証明しなさい。

（証明技能）

《素数と証明》

素数が n 個であると仮定し，小さい順に

$$p_1,\ p_2,\ p_3,\ \cdots\cdots,\ p_n\ (n\text{は自然数})$$

とおく。すると，

$$N = p_1 \times p_2 \times p_3 \times \cdots\cdots \times p_n + 1$$

と表せる自然数 N は，p_1，p_2，p_3，……，p_n のすべてと異なり，さらに，すべての素数 p_1，p_2，p_3，……，p_n でわり切れない。

したがって，N は 素数 であることがわかる。

すると，素数は（$n+1$）個になるため，素数が n 個（有限個）であるという仮定に矛盾する。

したがって，素数は無限に存在する。

2 選択

空間の2つのベクトル $\vec{a}=(-1,\ -3,\ 2)$ と $\vec{b}=(3,\ 2,\ 1)$ のなす角 θ を求めなさい。

《空間ベクトル》

$$|\vec{a}| = \sqrt{(-1)^2 + (-3)^2 + 2^2} = \sqrt{14}$$

$$|\vec{b}| = \sqrt{3^2 + 2^2 + 1^2} = \sqrt{14}$$

また，

$$\vec{a}\cdot\vec{b} = (-1)\cdot 3 + (-3)\cdot 2 + 2\cdot 1$$

$$= -7$$

したがって，

$$\cos\theta = \frac{\vec{a}\cdot\vec{b}}{|\vec{a}||\vec{b}|}$$

$$= \boxed{\frac{-7}{\sqrt{14}\times\sqrt{14}}}$$

$$= \boxed{-\frac{1}{2}}$$

したがって， $\theta = \boxed{120^\circ}$ ←$0 \leqq \theta \leqq 180^\circ$と考えてよいから

答 $\boxed{120^\circ}$

ベクトルのなす角

$\vec{a} = (a_1,\ a_2,\ a_3)$，$\vec{b} = (b_1,\ b_2,\ b_3)$ のなす角をθ ($0^\circ \leqq \theta \leqq 180^\circ$) とすると，

$$\boldsymbol{\cos\theta = \frac{\vec{a}\cdot\vec{b}}{|\vec{a}||\vec{b}|}}$$

ただし，

$$\vec{a}\cdot\vec{b} = a_1b_1 + a_2b_2 + a_3b_3$$

$$|\vec{a}||\vec{b}| = \sqrt{a_1^2 + a_2^2 + a_3^2}\sqrt{b_1^2 + b_2^2 + b_3^2}$$

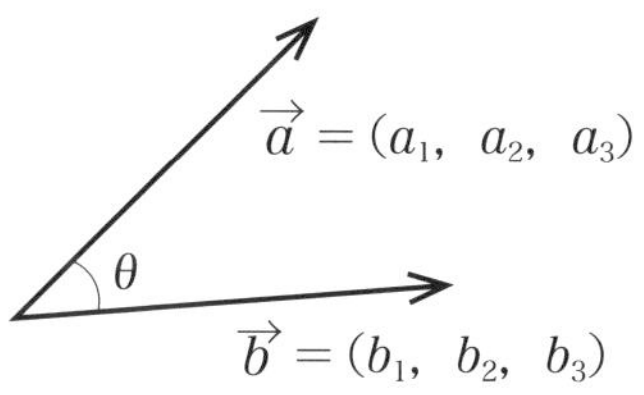

3 選択 **5 進法で表された循環小数 $3.\dot{2}\dot{1}_{(5)}$ を 10 進法の分数で表しなさい。**

《整数の性質》

$x = 3.\dot{2}\dot{1}_{(5)}$ とします。

$$x = 3 + \boxed{2} \times \left(\boxed{\frac{1}{5}}\right)^1 + \boxed{1} \times \left(\boxed{\frac{1}{5}}\right)^2 + \boxed{2} \times \left(\boxed{\frac{1}{5}}\right)^3 + \boxed{1} \times \left(\boxed{\frac{1}{5}}\right)^4 + \cdots \quad \cdots\cdots①$$

両辺に 5^2 をかけて，

$$5^2 x = 5^2 \cdot 3 + 5^2 \cdot \boxed{2} \times \left(\boxed{\frac{1}{5}}\right)^1 + 5^2 \cdot \boxed{1} \times \left(\boxed{\frac{1}{5}}\right)^2 + 5^2 \cdot \boxed{2} \times \left(\boxed{\frac{1}{5}}\right)^3 + 5^2 \cdot \boxed{1} \times \left(\boxed{\frac{1}{5}}\right)^4 + \cdots$$

$$5^2 x = 75 + 10 + 1 + 2 \times \left(\boxed{\frac{1}{5}}\right)^1 + 1 \times \left(\boxed{\frac{1}{5}}\right)^2 + \cdots \quad \cdots\cdots②$$

②－①より

$5^2 x - x = \boxed{75 + 10 + 1 - 3}$

$24x = \boxed{83}$

$x = \boxed{\dfrac{83}{24}}$

答 $\boxed{\dfrac{83}{24}}$

4 選択 **関数 $y = 2^{2x+1} - 2^{x+2} + 2 - 2^{-x+2} + 2^{-2x+1}$ について，次の問いに答えなさい。**

(1)　$2^x + 2^{-x} = t$ とするとき，y を t の式で表しなさい。

解説・解答 《指数関数》

$2^x + 2^{-x} = t$ の両辺を平方すると，

$$(2^x)^2 + 2 \cdot 2^x \cdot 2^{-x} + (2^{-x})^2 = t^2$$

$$2^{2x} + 2 + 2^{-2x} = t^2$$

$$2^{2x} + 2^{-2x} = t^2 - 2$$

したがって，与えられた式は，

$$y = 2^{2x} \cdot 2^1 - 2^x \cdot 2^2 + 2 - 2^{-x} \cdot 2^2 + 2^{-2x} \cdot 2^1$$

$$= 2(2^{2x} + 2^{-2x}) - 2^2(\boxed{2^x + 2^{-x}}) + 2$$

$= 2(\boxed{t^2 - 2}) - 4t + 2$

$= \boxed{2t^2 - 4t - 2}$ ……答

(2)　y の最小値を求めなさい。

《指数関数》

(1) より，

$y = \boxed{2t^2 - 4t - 2}$

$y = 2(\boxed{t-1})^2 - 4$

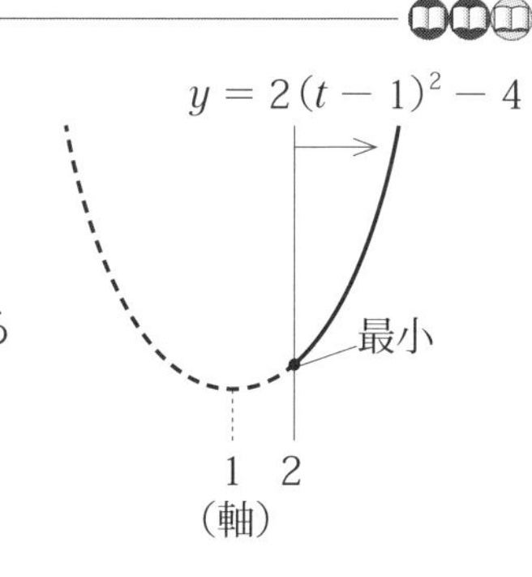

ここで，$2^x > 0$，$2^{-x} > 0$ であるから，相加・相乗平均の関係より，

$2^x + 2^{-x} \geqq 2\sqrt{\boxed{2^x \cdot 2^{-x}}}$

$= 2\sqrt{1} = \boxed{2}$

つまり，　$t \geqq \boxed{2}$

よって，上のグラフから，$t = 2$ のとき最小となり，最小値は，

$y = 2 \cdot 2^2 - 4 \cdot 2 - 2 = \boxed{-2}$ ……答

相加・相乗平均の関係

正の数 a，b について，

$$\frac{a+b}{2} \geqq \sqrt{ab}$$

同様に，a，b，c について，

$$\frac{a+b+c}{3} \geqq \sqrt[3]{abc}$$

これらの不等式の左辺を**相加平均**，右辺を**相乗平均**といい，不等式を相加・相乗平均の関係といいます。

問題 p.47

△ABCにおいて，AB = 10，AC = 6，∠A = 120°であるとします。このとき，△ABCの外心Eに対し，$\overrightarrow{AE}$を$\overrightarrow{AB}$，$\overrightarrow{AC}$を用いて表しなさい。　　（表現技能）

解説・解答　《ベクトル》

$|\overrightarrow{AB}| = 10$，$|\overrightarrow{AC}| = 6$

$\overrightarrow{AB} \cdot \overrightarrow{AC} = |\overrightarrow{AB}||\overrightarrow{AC}|\cos 120°$

$= 10 \cdot 6 \cdot \left(\boxed{-\frac{1}{2}}\right)$

$= \boxed{-30}$

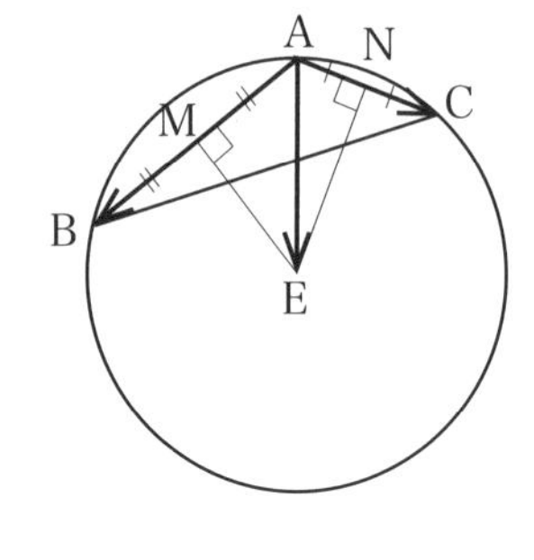

ですから，辺ABの中点をM，辺ACの中点をNとおくと，

$\overrightarrow{AB} \cdot \overrightarrow{AE} = |\overrightarrow{AB}||\overrightarrow{AE}|\cos\angle EAM$

$= |\overrightarrow{AB}||\overrightarrow{AM}| = 10 \cdot \boxed{5}$

$= \boxed{50}$　　……①

$\overrightarrow{AC} \cdot \overrightarrow{AE} = |\overrightarrow{AC}||\overrightarrow{AE}|\cos\angle EAN$

$= |\overrightarrow{AC}||\overrightarrow{AN}| = 6 \cdot \boxed{3}$

$= \boxed{18}$　　……②

ここで，$\overrightarrow{AE} = s\overrightarrow{AB} + t\overrightarrow{AC}$とおくと，

$\overrightarrow{AB} \cdot \overrightarrow{AE} = \overrightarrow{AB} \cdot (s\overrightarrow{AB} + t\overrightarrow{AC})$

$= s|\overrightarrow{AB}|^2 + t\overrightarrow{AB} \cdot \overrightarrow{AC}$

①より，$50 = s \cdot 10^2 + t(\boxed{-30})$

$\boxed{10s - 3t} = 5$　　……③

$\overrightarrow{AC} \cdot \overrightarrow{AE} = \overrightarrow{AC} \cdot (s\overrightarrow{AB} + t\overrightarrow{AC})$

$= s\overrightarrow{AB} \cdot \overrightarrow{AC} + t|\overrightarrow{AC}|^2$

②より，$18 = s \cdot (-30) + t \cdot 6^2$

$$\boxed{-5s+6t}=3 \quad \cdots\cdots④$$

③＋④×２より，

$$9t=\boxed{11} \qquad t=\boxed{\frac{11}{9}}$$

③に代入すると，

$$10s-\frac{11}{3}=5 \qquad s=\boxed{\frac{13}{15}}$$

$$\therefore \quad \overrightarrow{\mathrm{AE}}=\boxed{\frac{13}{15}\overrightarrow{\mathrm{AB}}+\frac{11}{9}\overrightarrow{\mathrm{AC}}} \quad \cdots\cdots$$ 

平面ベクトルの１次独立

平面上の２つのベクトル$\vec{a}$，$\vec{b}$が，$\vec{a}\neq\vec{0}$，$\vec{b}\neq\vec{0}$，$\vec{a}\not\parallel\vec{b}$をみたすとき，$\vec{a}$と$\vec{b}$は**１次独立**であるといいます。このとき，同じ平面上の任意のベクトル$\vec{p}$は，

$$\vec{p}=k\vec{a}+\ell\vec{b} \quad (k,\ \ell\text{ は実数})$$

の形にただ一通りに表せます。

内積

$\vec{a}\neq\vec{0}$，$\vec{b}\neq\vec{0}$について，始点をそろえたときにできる角をθ（$0°\leqq\theta\leqq180°$）とします。このとき，$|\vec{a}||\vec{b}|\cos\theta$の値を$\vec{a}$と$\vec{b}$の**内積**といい，$\vec{a}\cdot\vec{b}$と表します。

$$\vec{a}\cdot\vec{b}=|\vec{a}||\vec{b}|\cos\theta$$

内積はベクトルではなく**スカラー**です。

問題◀◁p.47

6 必須

a, b, c は正の数です。このとき，次の不等式を証明しなさい。また，等号が成立する条件を示しなさい。　　（証明技能）

$$\frac{a+b+c}{3} \geqq \sqrt[3]{abc}$$

《不等式の証明》

$$(\text{左辺})-(\text{右辺}) = \frac{a+b+c}{3} - \sqrt[3]{abc}$$

ここで，$a=A^3$，$b=B^3$，$c=C^3$ とおくと，a，b，c は正の数であるから，A，B，C も正の数となる。　ポイント

$$(\text{左辺})-(\text{右辺}) = \frac{A^3+B^3+C^3}{3} - \sqrt[3]{A^3B^3C^3}$$

$$=\frac{1}{3}(A^3+B^3+C^3-3ABC)$$

← 因数分解の公式 $a^3+b^3+c^3-3abc=(a+b+c)(a^2+b^2+c^2-ab-bc-ca)$ を用いる。

$$=\frac{1}{3}(A+B+C)(A^2+B^2+C^2-AB-BC-CA)$$

ここで，$\boxed{A+B+C}>0$，

また，

$$A^2+B^2+C^2-AB-BC-CA$$

$$=\frac{1}{2}\{(A^2-2AB+B^2)+(B^2-2BC+C^2)+(C^2-2CA+A^2)\}$$

$$=\frac{1}{2}\{\boxed{(A-B)^2+(B-C)^2+(C-A)^2}\} \geqq 0$$

よって，$(\text{左辺})-(\text{右辺}) \geqq 0$ となり，与式は成り立つ。

なお，等号成立条件は，　ポイント

$$(A-B)^2=0 \text{ かつ } (B-C)^2=0 \text{ かつ } (C-A)^2=0$$

すなわち，$A=B$ かつ $B=C$ かつ $C=A$ より，$A=B=C$

$a=A^3$，$b=B^3$，$c=C^3$ であるから，$a=b=c$ のときに等号が成り立つ。

等号が成立する条件も忘れずに！

不等式の証明

$A > B$を示すには，次のようにします。

① $A - B$を変形して，$A - B > 0$を示す。

ただし，平方根や絶対値などがあって，明らかに0以上の式の場合は，$A^2 - B^2 > 0$を示してもよい。この場合は，

・大小関係の条件がある　→　因数分解

・大小関係の条件がない　→　平方完成

② **相加・相乗平均の関係やコーシー・シュワルツの不等式などを利用する。**

③ $A > C$ **かつ** $C > B$（いずれか一方に＝がついてもよい）をみたす式Cをつくる。

7 必須

放物線$C : y = x^2$とA$(1, 2)$を通る直線ℓとの2つの交点をP，Qとし，Cとℓで囲まれた面積をSとします。Sが最小となるとき，点Aは線分PQの中点となることを証明しなさい。

《面積》

直線ℓの傾きをmとすると，

$$\ell : y - 2 = m(x - 1)$$

$$y = mx - m + 2$$

これと放物線$C : y = x^2$から，

$$x^2 - mx + m - 2 = 0$$

この2次方程式は，判別式Dが，

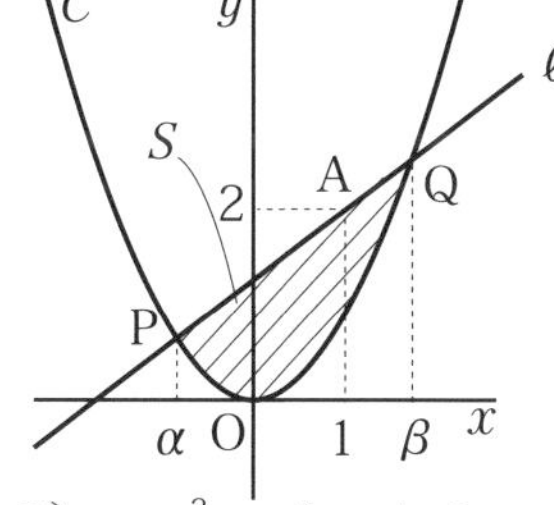

$$D = (-m)^2 - 4 \times 1 \times (m - 2) = m^2 - 4m + 8$$

$$= (m - 2)^2 + 4 > 0$$

となるから，mの値にかかわらず，必ず異なる2つの実数解をもつ。

$x^2 - mx + m - 2 = 0$の2つの実数解をα，β（$\alpha < \beta$）と

問題◀◀p.48

おくと，解と係数の関係から，

$$① \begin{cases} \alpha+\beta=m \\ \alpha\beta=m-2 \end{cases}$$

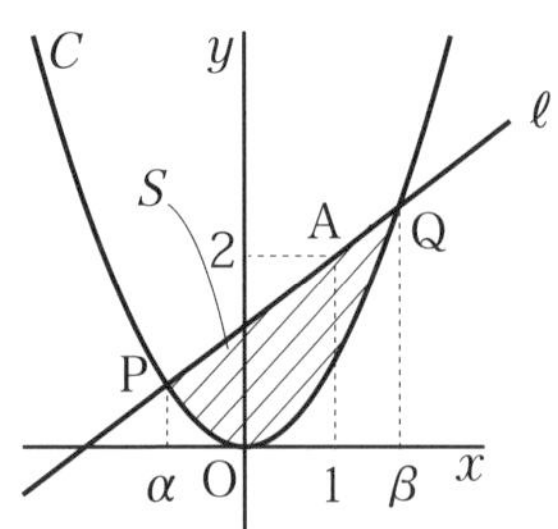

このとき，放物線 C と直線 ℓ とで囲まれる面積 S は，次のように求めることができる。

$$S=\int_{\alpha}^{\beta}\boxed{\{(mx-m+2)-x^2\}}\,dx$$

$$=\int_{\alpha}^{\beta}\boxed{-(x^2-mx+m-2)}\,dx$$

$$=\int_{\alpha}^{\beta}-(x-\alpha)(x-\beta)\,dx=-\frac{-1}{6}(\beta-\alpha)^3$$

ポイント
定積分の公式

$$=\frac{1}{6}\{(\beta-\alpha)^2\}^{\frac{3}{2}}$$

$$=\frac{1}{6}\{(\alpha+\beta)^2-4\alpha\beta\}^{\frac{3}{2}}$$

①をこの式に代入すると，

$$S=\frac{1}{6}\{m^2-4(m-2)\}^{\frac{3}{2}}$$

$$=\frac{1}{6}(m^2-4m+8)^{\frac{3}{2}}$$

$$=\frac{1}{6}\{(\boxed{m-2})^2+4\}^{\frac{3}{2}}$$

より，S が最小となるのは，$m=\boxed{2}$ のときである。

このとき，$\ell: y=2x-2+2=2x$ となるから，C と ℓ の2つの交点P，Qは，

$$x^2=2x$$

$$x^2-2x=x(x-2)=0$$

$$x=0,\ 2$$

より，P(0，0) とQ(2，4) で，中点は，

$$\left(\frac{0+2}{2},\ \frac{0+4}{2}\right)=(1,\ 2)$$

となり，点 A と一致する。

ゆえに，S が最小となるとき，点 A は線分 PQ の中点となる。

定積分の公式

放物線と直線，または放物線どうしで囲まれた図形の面積を求めるときなどに，次の公式を用いることがあります。

$$\int_{\alpha}^{\beta} a(\boldsymbol{x}-\boldsymbol{\alpha})(\boldsymbol{x}-\boldsymbol{\beta})\,\boldsymbol{dx}=-\frac{a}{6}(\beta-\alpha)^3$$

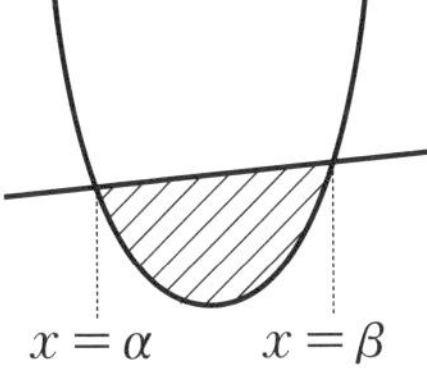

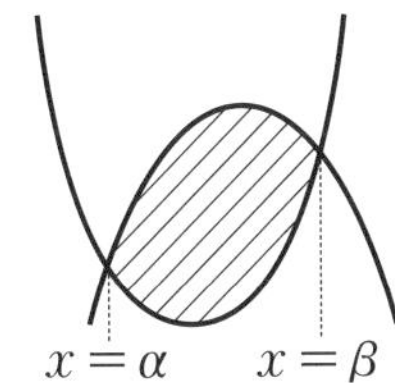

問題 p.48

第5回 1次 計算技能

1

次の式を展開して計算しなさい。

$$(x+1)(x+2)(x+3)(x+4)$$

《式の展開》

$$\begin{aligned}
&(x+1)(x+2)(x+3)(x+4)\\
&=\underline{(x+1)(x+4)}\,\underline{(x+2)(x+3)}\\
&=(\underline{x^2+5x}+4)(\underline{x^2+5x}+6)\\
&=(\boxed{x^2+5x})^2+10(\boxed{x^2+5x})+24\\
&=\boxed{x^4+10x^3+25x^2}+10x^2+\boxed{50x}+24\\
&=\boxed{x^4+10x^3+35x^2+50x+24}
\end{aligned}$$
……答

入れかえます。

それぞれ展開します。

展開の公式

$$(a+b)^2=a^2+2ab+b^2$$
$$(a-b)^2=a^2-2ab+b^2$$
$$(a+b)(a-b)=a^2-b^2$$
$$(x+a)(x+b)=x^2+(a+b)x+ab$$

2

次の式の2重根号をはずしなさい。

$$\sqrt{21-12\sqrt{3}}$$

《2重根号》

$$\begin{aligned}
&\sqrt{21-12\sqrt{3}}\\
&=\sqrt{21-2\times6\times\sqrt{3}}\\
&=\sqrt{21-2\times\sqrt{6^2\times3}}
\end{aligned}$$

$=\sqrt{21-2\times\sqrt{108}}$

$=\sqrt{(12+9)-2\times\sqrt{12\times9}}$

$=\sqrt{12-2\times\sqrt{12}\times\sqrt{9}+9}$　因数分解の公式を利用します。

$=\sqrt{(\sqrt{12}-\sqrt{9})^2}$

$=\boxed{\sqrt{12}-\sqrt{9}}$

$=\boxed{2\sqrt{3}-3}$ ……答

因数分解の公式を使って，平方根の中をある数を平方の形にします。

平方根

$a>0$，$b>0$ のとき，

$(\sqrt{a})^2=\sqrt{a^2}=a$　　$\sqrt{a^2b}=a\sqrt{b}$

$\sqrt{a}\sqrt{b}=\sqrt{ab}$　　$\dfrac{\sqrt{a}}{\sqrt{b}}=\sqrt{\dfrac{a}{b}}$

$\dfrac{1}{\sqrt{a}}=\dfrac{\sqrt{a}}{a}$

$\dfrac{1}{\sqrt{a}\pm\sqrt{b}}=\dfrac{\sqrt{a}\mp\sqrt{b}}{a-b}$　（複号同順）

（分母の有理化）

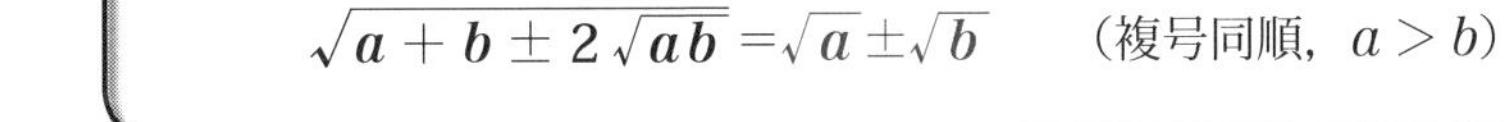

$\sqrt{a+b\pm2\sqrt{ab}}=\sqrt{a}\pm\sqrt{b}$　（複号同順，$a>b$）

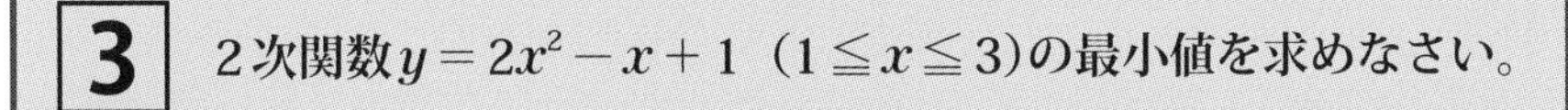

3 2次関数 $y=2x^2-x+1$ $(1\leqq x\leqq3)$ の最小値を求めなさい。

解説・解答

《2次関数》

$y=2x^2-x+1$

$=2\left(x^2-\dfrac{1}{2}x\right)+1$

$=2\left\{\left(x^2-\dfrac{1}{2}x+\dfrac{1}{16}\right)-\dfrac{1}{16}\right\}+1$

$$= 2\left\{\left(\boxed{x-\frac{1}{4}}\right)^2 - \frac{1}{16}\right\} + 1$$

$$= 2\left(\boxed{x-\frac{1}{4}}\right)^2 - \frac{1}{8} + 1$$

$$= 2\left(\boxed{x-\frac{1}{4}}\right)^2 + \frac{7}{8}$$

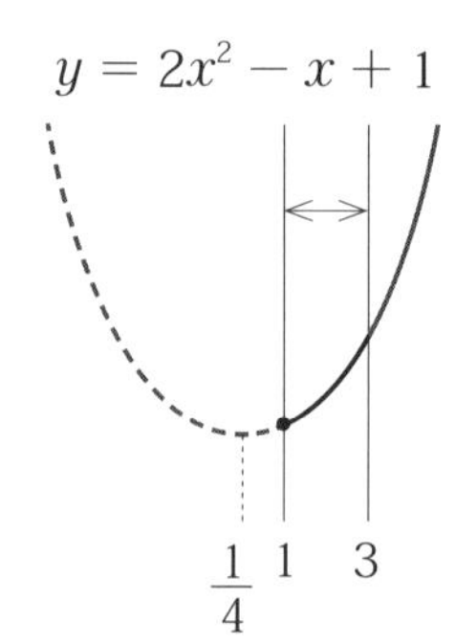

したがって，この放物線の軸は $x = \boxed{\frac{1}{4}}$

ここで，定義域は $1 \leqq x \leqq 3$ ですから，$x = \boxed{1}$ のとき最小値をとります。よって，

$$y = 2 \cdot \boxed{1}^2 - \boxed{1} + 1 = \boxed{2} \quad \cdots\cdots 答$$

2次関数の頂点の座標

① 2次関数 $y = ax^2 + bx + c$ は，$y = a(x-p)^2 + q$ の形に表すことができます（**平方完成**）。このとき，頂点の座標は $(p,\ q)$ です。

② 2次関数 $y = ax^2 + bx + c$ のグラフは，$y = ax^2$ のグラフを平行移動した放物線です。

軸は　直線 $x = -\dfrac{b}{2a}$

頂点は　点 $\left(-\dfrac{b}{2a},\ -\dfrac{b^2-4ac}{4a}\right)$

4 △ABCにおいて，AB = 3，BC = 5，∠ABC = 60°であるとき，△ABCの面積を求めなさい。

《三角比》

三角形の面積の公式より，

$$S = \frac{1}{2} ca \sin B = \frac{1}{2} \cdot 3 \cdot 5 \cdot \sin 60^\circ$$

$$= \frac{15}{2} \cdot \boxed{\frac{\sqrt{3}}{2}}$$

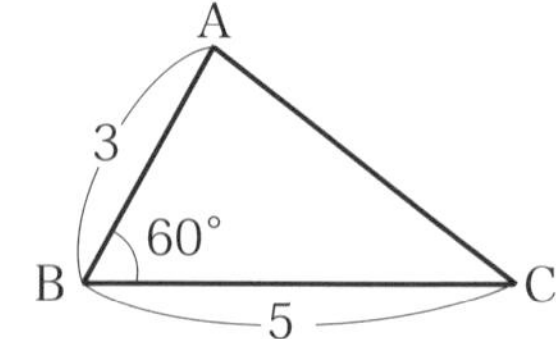

$= \boxed{\dfrac{15\sqrt{3}}{4}}$ ……答

三角形の面積

△ABC の面積を S とすると,

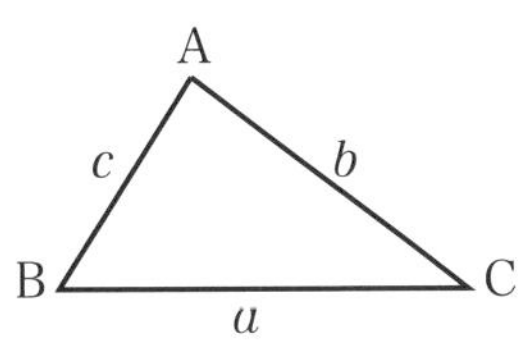

$$S = \frac{1}{2}bc\sin A$$

$$= \frac{1}{2}ca\sin B$$

$$= \frac{1}{2}ab\sin C$$

5 $(x-3y)^6$ の展開式で，x^4y^2 の項の係数を求めなさい。

《二項定理》 

$(x-3y)^6$ の一般項は，${}_6\mathrm{C}_r x^{6-r}(-3y)^r$

したがって，x^4y^2 の項は，$r=2$ のときで，その係数は，

$${}_6\mathrm{C}_2 \times (\boxed{-3})^2 = \frac{6\cdot 5}{2\cdot 1}\times\boxed{9}$$

$$= \boxed{15}\times\boxed{9}$$

$$= \boxed{135}$$

$\boxed{135}$

パスカルの三角形より，

x^4y^2の項は，

$$15\times(\boxed{-3})^2 = \boxed{135}$$

答 $\boxed{135}$

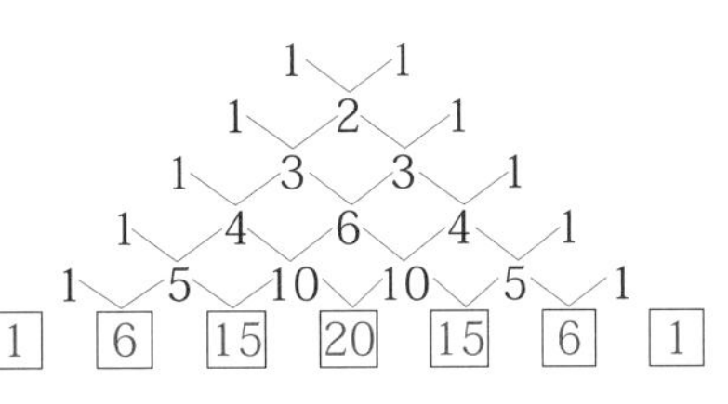

1次

第5回 解説・解答

二項定理

$$(a+b)^n = {}_n\mathrm{C}_0 a^n + {}_n\mathrm{C}_1 a^{n-1}b + {}_n\mathrm{C}_2 a^{n-2}b^2 + \cdots\cdots + {}_n\mathrm{C}_r a^{n-r}b^r + \cdots\cdots + {}_n\mathrm{C}_{n-1} ab^{n-1} + {}_n\mathrm{C}_n b^n$$

一般項は，${}_n\mathrm{C}_r a^{n-r}b^r$

パスカルの三角形

$(a+b)^n$ の展開式の係数を $n=1$，2，3，……について並べると，次のようになります。

$a+b$	1　1
$(a+b)^2$	1　2　1
$(a+b)^3$	1　3　3　1
$(a+b)^4$	1　4　6　4　1
$(a+b)^5$	1　5　10　10　5　1
$(a+b)^6$	1　6　15　20　15　6　1

これを**パスカルの三角形**といいます。

6　正九角形の対角線の本数を求めなさい。

《組合せ》 

正九角形の 9 個の頂点から 2 個選び，それらを結んでできる線分の数は，

$${}_9C_2 = \frac{\boxed{9 \cdot 8}}{\boxed{2 \cdot 1}} = \boxed{36}$$

このうち，辺を除いた線分が対角線となるから，対角線の本数は，

$$\boxed{36} - \boxed{9} = \boxed{27}$$

答　27 本

辺の数を引くことを忘れないようにしましょう。

7

△ABCにおいて，辺ABを2：1に内分する点をL，辺BCを2：1に内分する点をM，AMとCLの交点をP，BPの延長と辺ACの交点をNとするとき，AN：NCを求めなさい。

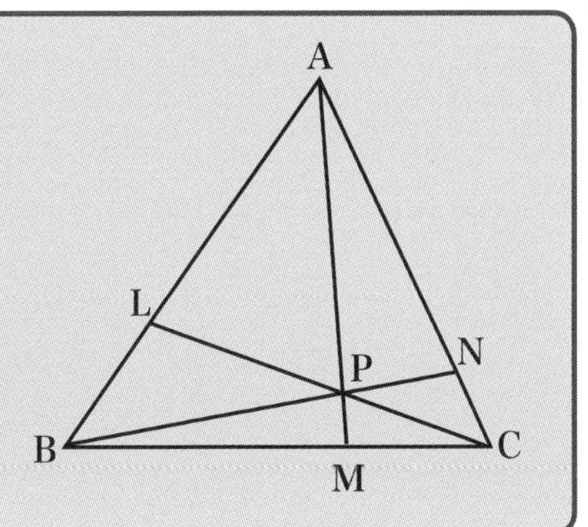

《チェバの定理》

△ABCと内部の点Pについて，チェバの定理を用いると，

$$\frac{\mathrm{AL}}{\mathrm{LB}}\times\frac{\mathrm{BM}}{\mathrm{MC}}\times\frac{\mathrm{CN}}{\mathrm{NA}}=1$$

$$\frac{2}{1}\times\frac{2}{1}\times\frac{\mathrm{CN}}{\mathrm{NA}}=1$$

$$\frac{\mathrm{CN}}{\mathrm{NA}}=\boxed{\frac{1}{4}}$$

したがって，

$$\mathrm{AN}:\mathrm{NC}=\boxed{4:1}$$ ……答

チェバの定理

△ABCとその周上にない点Mにおいて，3辺AB, BC, CAの辺上，またはその延長上の点P, Q, Rに対し，3直線AQ，BR，CPが1点Mで交わる

$$\Leftrightarrow\quad \frac{\mathrm{AP}}{\mathrm{PB}}\cdot\frac{\mathrm{BQ}}{\mathrm{QC}}\cdot\frac{\mathrm{CR}}{\mathrm{RA}}=1$$

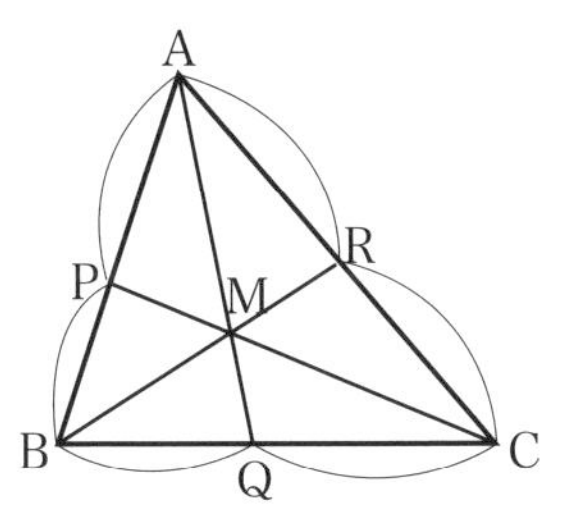

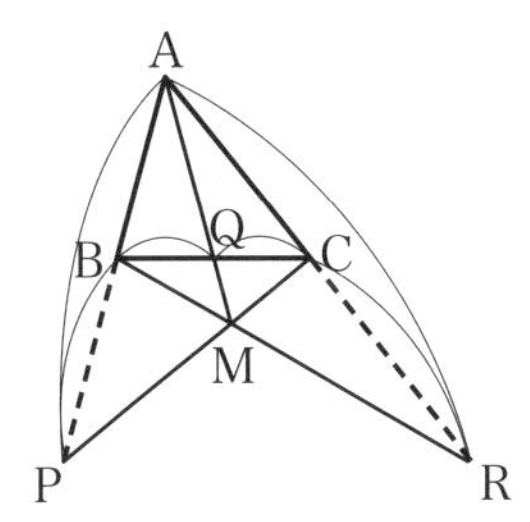

8 自然数nと42の最大公約数が14，最小公倍数が336のとき，nを求めなさい。

《最大公約数・最小公倍数》 

nと42の最大公約数が14，最小公倍数が336ですから

$n \times \boxed{42} = \boxed{14} \times \boxed{336}$

$n = \boxed{14} \times \boxed{336} \div \boxed{42}$

$= \boxed{14} \times \boxed{8} = \boxed{112}$

答 $\boxed{112}$

最大公約数・最小公倍数の性質

2つの自然数a，bの最大公約数がg，最小公倍数がlのとき，

① $a = a'g$，$b = b'g$と表せて，a'，b'は互いに素となる

② $l = a'b'g$

③ $ab = gl$

9 a，bを実数とします。3次方程式$x^3 + ax^2 + bx + 15 = 0$が虚数解$x = 2 + i$をもつとき，次の問いに答えなさい。

① a，bの値を求めなさい。

《3次方程式》 

$2 + i$が解であるから，与えられた方程式に$x = 2 + i$を代入すると，

$$(2 + i)^3 + a(2 + i)^2 + b(2 + i) + 15 = 0$$

$$2 + 11i + 3a + 4ai + 2b + bi + 15 = 0$$

したがって，

$$(3a + 2b + 17) + (4a + b + 11)i = 0$$

a，bは実数で，$3a + 2b + 17$，$4a + b + 11$も実数ですから，

$$3a + 2b + 17 = 0$$

$$4a + b + 11 = 0$$

a，b の連立方程式としてこれを解くと，

$a = \boxed{-1}$，$b = \boxed{-7}$ ……答

② この方程式の残りの２つの解を求めなさい。

《3 次方程式》

①より，3 次方程式は，

$\boxed{x^3 - x^2 - 7x + 15} = 0$ ………左辺に $x=-3$ を代入すると0になるから，左辺は $x+3$ を因数にもつことがわかります。

左辺を因数分解すると，

$(x + 3)(\boxed{x^2 - 4x + 5}) = 0$

これを解くと，

$x = -3$，$\boxed{2 \pm i}$

したがって，残りの２つの解は，$x = -3$ と $x = \boxed{2 - i}$ です。

答 $\boxed{x = -3,\ 2 - i}$

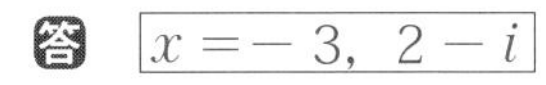

$$
\begin{array}{r|l}
 & x^2 - 4x + 5 \\
\hline
x+3 & x^3 - x^2 - 7x + 15 \\
 & x^3 + 3x^2 \\
\hline
 & -4x^2 - 7x \\
 & -4x^2 - 12x \\
\hline
 & 5x + 15 \\
 & 5x + 15 \\
\hline
 & 0
\end{array}
$$

因数定理

1 次式 $x - a$ が整式 $P(x)$ の因数である

$\Leftrightarrow P(a) = 0$

10　$0 \leqq \theta < 2\pi$ において，不等式 $2\cos^2\theta \geqq 1 - \sin\theta$ をみたす θ の範囲を求めなさい。

《三角不等式》

$2\cos^2\theta \geqq 1 - \sin\theta$

$2(\boxed{1 - \sin^2\theta}) - 1 + \sin\theta \geqq 0$

$\boxed{-2\sin^2\theta} + \sin\theta + 1 \geqq 0$

$\boxed{2\sin^2\theta} - \sin\theta - 1 \leqq 0$

$(\boxed{2\sin\theta + 1})(\sin\theta - 1) \leqq 0$

$\boxed{-\dfrac{1}{2}} \leqq \sin\theta \leqq \boxed{1}$

$0 \leqq \theta < 2\pi$ より，

$\boxed{0} \leqq \theta \leqq \boxed{\dfrac{7}{6}\pi}$, $\boxed{\dfrac{11}{6}\pi} \leqq \theta < 2\pi$ ……答

答　$\boxed{0 \leqq \theta \leqq \dfrac{7}{6}\pi}$, $\boxed{\dfrac{11}{6}\pi \leqq \theta < 2\pi}$

ワンポイント・アドバイス

$\sin\theta$ と $\cos\theta$ が混在しているので，$\sin\theta$ だけの式に変形し，三角方程式と同様の変形によって，三角不等式を解きます。

三角比の相互関係

$$\tan\theta = \frac{\sin\theta}{\cos\theta}$$

$$\sin^2\theta + \cos^2\theta = 1$$

$$1 + \tan^2\theta = \frac{1}{\cos^2\theta}$$

おぼえておきましょう。

11　次の連立不等式をみたす領域の面積を求めなさい。

$$\begin{cases} x^2 + y^2 \leqq 4 \\ x + y \leqq 2 \end{cases}$$

《領域》

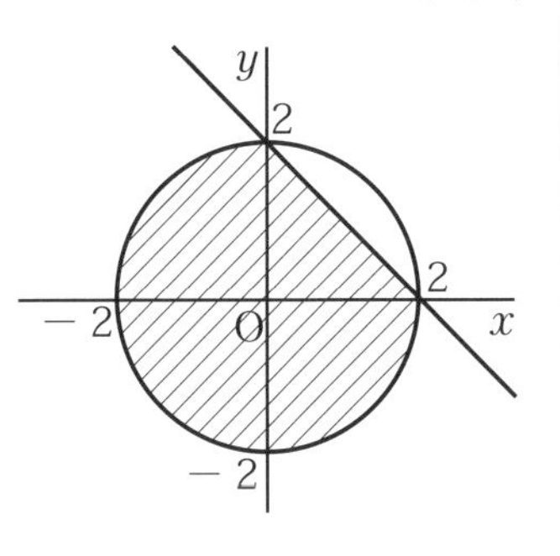

$x^2+y^2 \leqq 4$ は，原点 O を中心とする半径 2 の円の内側。

$x+y \leqq 2$ は，$y \leqq -x+2$ より，直線 $y=-x+2$ の下側。

したがって，同時にみたす領域は，右の図の斜線の部分で，境界を含みます。

よって，求める面積は，

$$\pi \cdot 2^2 \times \boxed{\frac{3}{4}} + \frac{1}{2} \cdot 2 \cdot 2 = \boxed{3\pi + 2}$$ ……答

ワンポイント・アドバイス

求める面積は，右の図の 2 つの図形の面積の和になります。

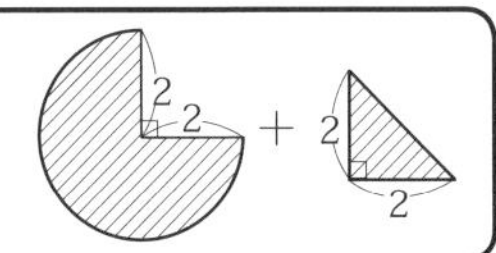

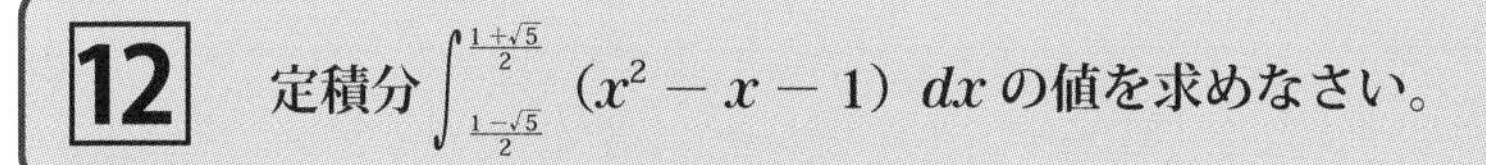

12 定積分 $\displaystyle\int_{\frac{1-\sqrt{5}}{2}}^{\frac{1+\sqrt{5}}{2}} (x^2-x-1)\,dx$ の値を求めなさい。

《定積分》

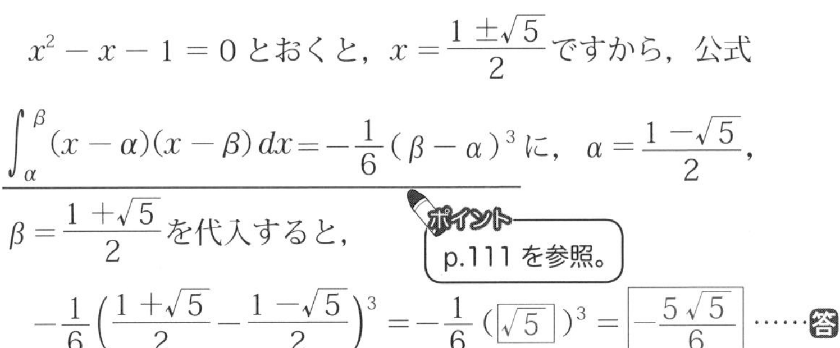

$x^2-x-1=0$ とおくと，$x=\dfrac{1\pm\sqrt{5}}{2}$ ですから，公式

$\displaystyle\int_\alpha^\beta (x-\alpha)(x-\beta)\,dx = -\frac{1}{6}(\beta-\alpha)^3$ に，$\alpha=\dfrac{1-\sqrt{5}}{2}$，

$\beta=\dfrac{1+\sqrt{5}}{2}$ を代入すると，

ポイント
p.111 を参照。

$$-\frac{1}{6}\left(\frac{1+\sqrt{5}}{2}-\frac{1-\sqrt{5}}{2}\right)^3 = -\frac{1}{6}\left(\boxed{\sqrt{5}}\right)^3 = \boxed{-\frac{5\sqrt{5}}{6}}$$ ……答

13 $\vec{a}=(1,\ 2)$，$\vec{b}=(3,\ 4)$，$\vec{c}=(5,\ 6)$ とします。$\vec{c}=x\vec{a}+y\vec{b}$ をみたす x，y の値を求めなさい。

《ベクトルの成分による演算》

$\vec{c} = x\vec{a} + y\vec{b}$ に，各ベクトルの成分を代入します。

$(5,\ 6) = x(1,\ 2) + y(3,\ 4)$

$(5,\ 6) = (x,\ 2x) + (3y,\ 4y)$

成分を比較すると，

$$\begin{cases} x + 3y = 5 & \cdots\cdots① \\ \boxed{2x + 4y = 6} & \cdots\cdots② \end{cases}$$

①−②÷２より，$y = \boxed{2}$

$y = \boxed{2}$ を①に代入すると，$x = \boxed{-1}$

答 $\boxed{x = -1,\ y = 2}$

ベクトルの相等

$\vec{x} = (a,\ b)$，$\vec{y} = (c,\ d)$ において，

$$\vec{x} = \vec{y} \Leftrightarrow (a,\ b) = (c,\ d) \Leftrightarrow \begin{cases} a = c \\ b = d \end{cases}$$

14 次の数列の一般項を求めなさい。

0，2，6，12，20，30，……

《階差数列》

階差数列を考えると，

$$\begin{array}{l} 0,\ 2,\ 6,\ 12,\ 20,\ 30,\ \cdots\cdots,\ a_n \\ \quad 2,\ 4,\ 6,\ 8,\ 10,\ \cdots\cdots,\ b_n \end{array}$$

階差数列 $\{b_n\}$ は，初項 $\boxed{2}$，公差 $\boxed{2}$ の等差数列ですから，

$$b_n = \boxed{2} + (n-1)\cdot\boxed{2} = \boxed{2n}$$

したがって，$\{a_n\}$ の一般項は，

$$\begin{aligned} a_n &= a_1 + \sum_{k=1}^{n-1} b_k \quad (n \geqq 2) \\ &= 0 + \sum_{k=1}^{n-1} 2k \end{aligned}$$

$$= 2\sum_{k=1}^{n-1} k$$

$$= 2 \cdot \frac{1}{2}\boxed{(n-1)(n-1+1)}$$

$$= (\boxed{n-1})n$$

これは，$n = 1$ のときも成り立つから，

$$a_n = \boxed{n(n-1)} \quad \cdots\cdots \text{答}$$

階差数列

数列 $\{a_n\}$ において，$a_{n+1} - a_n = b_n$ で定義される数列 $\{b_n\}$ を，$\{a_n\}$ の**階差数列**といいます。これを用いると，もとの数列 $\{a_n\}$ の一般項は，次のように表すことができます。

$$a_1,\ a_2,\ a_3,\ \cdots\cdots,\ a_{n-1},\ a_n$$
$$+\ b_1,\ b_2,\ b_3,\ \cdots\cdots,\ b_{n-1}$$

$$\boldsymbol{a_n = a_1 + \sum_{k=1}^{n-1} b_k} \quad (n \geqq 2)$$

15 $|\vec{a}| = 2$, $|\vec{b}| = 3$, $|\vec{a}+\vec{b}| = 4$ とします。このとき，次の問いに答えなさい。

① 内積 $\vec{a}\cdot\vec{b}$ の値を求めなさい。

《平面ベクトル》

$|\vec{a}+\vec{b}| = 4$ の両辺を 2 乗すると，

$$|\vec{a}|^2 + 2\vec{a}\cdot\vec{b} + |\vec{b}|^2 = 16$$

$|\vec{a}| = 2$, $|\vec{b}| = 3$ を代入すると，

$$2^2 + 2\vec{a}\cdot\vec{b} + 3^2 = 16$$

$$2\vec{a}\cdot\vec{b} = \boxed{3}$$

$$\vec{a}\cdot\vec{b} = \boxed{\frac{3}{2}} \quad \cdots\cdots \text{答}$$

② $\vec{a}+\vec{b}$ と $\vec{a}-t\vec{b}$ が垂直であるとき，t の値を求めなさい。

《平面ベクトル》

$$\underset{\text{ベクトルが垂直}}{\underline{(\vec{a}+\vec{b})\perp(\vec{a}-t\vec{b})}} \Leftrightarrow \underset{\text{内積}=0}{\underline{(\vec{a}+\vec{b})\cdot(\vec{a}-t\vec{b})}}=0$$

左辺を展開すると，

$$|\vec{a}|^2+(1-t)\vec{a}\cdot\vec{b}-t|\vec{b}|^2=0$$

$|\vec{a}|=2$，$|\vec{b}|=3$, $\vec{a}\cdot\vec{b}=\boxed{\frac{3}{2}}$ を代入すると，

$$2^2+(1-t)\cdot\boxed{\frac{3}{2}}-t\cdot 3^2=0$$

両辺に 2 をかけると，

$$8+\boxed{3}-\boxed{3t}-18t=0$$

$$21t=\boxed{11}$$

$$t=\boxed{\frac{11}{21}}$$ ……答

ベクトルの垂直条件

$\vec{a}\neq\vec{0}$，$\vec{b}\neq\vec{0}$ で，$\vec{a}$ と $\vec{b}$ のなす角 θ が $90°$ のとき，$\vec{a}$ と $\vec{b}$ は垂直であるといい，$\vec{a}\perp\vec{b}$ と表します。このとき，

$$\vec{a}\perp\vec{b} \Leftrightarrow \vec{a}\cdot\vec{b}=0$$

第5回 2次 数理技能

1 選択 2つの集合 $A=\{3m+5n \mid m,\ n$ は整数$\}$, $B=\{k \mid k$ は整数$\}$ について, 次の問いに答えなさい。 （証明技能）

(1) $A \subset B$ を証明しなさい。

《集合と証明》

$x \in A$ とすると, $x=3m+5n$（m, n は整数）と表すことができる。

ここで, $3m+5n$ は整数であるから, $\boxed{x \in B}$ である。

したがって, $x \in A$ ならば $\boxed{x \in B}$ が成立するので, $A \subset B$

(2) $A=B$ を証明しなさい。

《集合と証明》

$y \in B$ とすると, $y=k$（k は整数）と表すことができる。

ここで,

$$\begin{aligned} k &= k \times 1 \\ &= k \times \{\underline{3 \times 7 + 5 \times (-4)}\} \\ &= 3 \times \boxed{7k} + 5 \times (\boxed{-4k}) \end{aligned}$$

ポイント
$1 \in A$ であることを使います。

より,

$$y = 3 \times \boxed{7k} + 5 \times (\boxed{-4k})$$

と表すことができる。

$\boxed{7k}$, $\boxed{-4k}$ はともに整数であるから, $y \in A$ である。

したがって, $y \in B$ ならば $y \in A$ が成立するので, $B \subset A$

よって, $A \subset B$ かつ $B \subset A$ であるから, $A=B$

問題 p.52, p.54

集合

① $x \in A$ …… x は集合 A の要素である。

$y \notin A$ …… y は集合 A の要素でない。

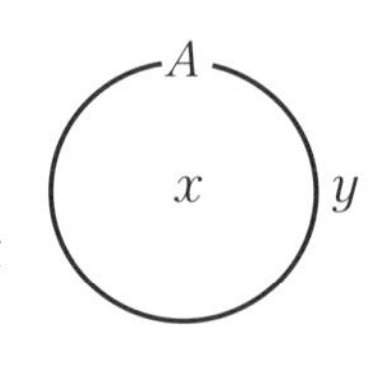

② $x \in A$ ならば $x \in B$ が成り立つとき，集合 A は集合 B の**部分集合**であるといい，$A \subset B$ と表す。なお，$A \subset A$，$\phi \subset A$ である。

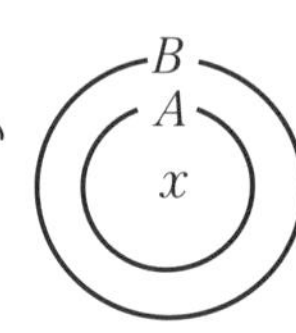

③ $A \subset B$ かつ $B \subset A$ ならば $A = B$

次の連立方程式を解きなさい。

$$\begin{cases} 3^x - 3^y = 8 \cdot 3^2 \\ 3^{x+y} = 3^6 \end{cases}$$

《指数関数》 

$X = 3^x$ $(X > 0)$，$Y = 3^y$ $(Y > 0)$ とすると，

$3^{x+y} = \boxed{3^x 3^y} = \boxed{XY}$

$X - Y = 8 \cdot 3^2$ ……①

$XY = 3^6$ ……②

①より，$\boxed{Y = X - 8 \cdot 3^2}$

これを②に代入して，

$X(\boxed{X - 8 \cdot 3^2}) = 3^6$

$X^2 - 8 \cdot 3^2 X - 3^6 = 0$

$X^2 - 8 \cdot 3^2 X - 9 \cdot 3^4 = 0$

$(\boxed{X + 3^2})(\boxed{X - 9 \cdot 3^2}) = 0$

$X > 0$ より，$\boxed{X - 9 \cdot 3^2} = 0$

$X = 9 \cdot 3^2 = 3^4$

$Y = 9 \cdot 3^2 - 8 \cdot 3^2 = 3^2$

よって，$3^x = \boxed{3^4}$ より，$x = \boxed{4}$，$3^y = \boxed{3^2}$より，$y = \boxed{2}$

答 $\boxed{x = 4,\ y = 2}$

3 選択

円に内接する四角形 ABCD において，AB ＝ 1，BC ＝ 2，CD ＝ 3，DA ＝ 4 であるとき，対角線 AC，BD の長さをそれぞれ求めなさい。
（測定技能）

《円と内接四角形》

まず，AC を求めます。

四角形 ABCD は円に内接するから，∠ ABC ＝ θ とおくと，∠ ADC ＝ 180° － θ と表すことができます。

△ ABC に余弦定理を用いると，

$$AC^2 = AB^2 + BC^2 - 2AB \cdot BC\cos\theta$$
$$= 1^2 + 2^2 - 2 \cdot 1 \cdot 2\cos\theta$$

よって，

$$AC^2 = 5 - 4\cos\theta \quad \cdots\cdots①$$

同様に，△ ACD に余弦定理を用いると，

$$AC^2 = CD^2 + DA^2 - 2CD \cdot DA\cos(180° - \theta)$$
$$= 3^2 + 4^2 - 2 \cdot 3 \cdot 4\cos(-\theta)$$

よって，

$$AC^2 = 25 + 24\cos\theta \quad \cdots\cdots②$$

①× 6 ＋②より，

$$7AC^2 = 55$$

$$AC^2 = \boxed{\frac{55}{7}}$$

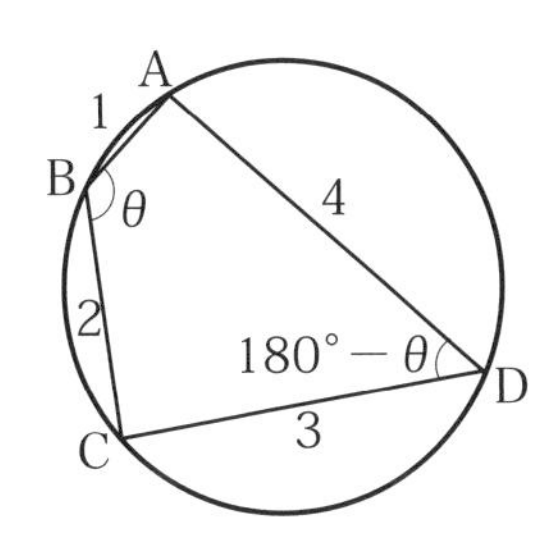

AC ＞ 0 より，

$$AC = \boxed{\sqrt{\frac{55}{7}}} = \boxed{\frac{\sqrt{385}}{7}}$$

次に，四角形 ABCD が円に内接することから，トレミーの定理により，

$$\underline{AC \cdot BD = AB \cdot CD + BC \cdot DA}$$

$$\boxed{\frac{\sqrt{385}}{7}} \cdot BD = 1 \cdot 3 + 2 \cdot 4$$

$$BD = 11 \times \boxed{\frac{7}{\sqrt{385}}} = \boxed{\frac{\sqrt{385}}{5}}$$

答　$AC = \boxed{\frac{\sqrt{385}}{7}}$，$BD = \boxed{\frac{\sqrt{385}}{5}}$

ワンポイント・アドバイス

トレミーの定理は，試験のときの時間短縮になるので，おぼえておきましょう。

重要

余弦定理

△ABC において，次の式が成り立つ。

$$a^2 = b^2 + c^2 - 2bc\cos A$$
$$b^2 = c^2 + a^2 - 2ca\cos B$$
$$c^2 = a^2 + b^2 - 2ab\cos C$$

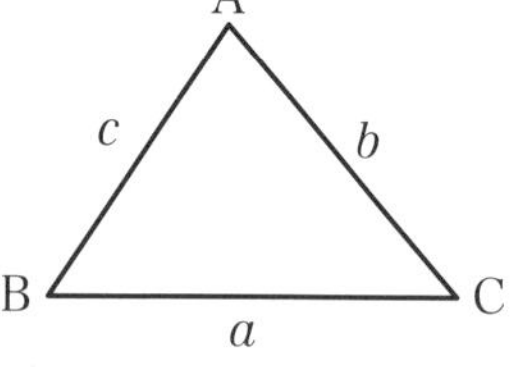

トレミーの定理

円に内接する四角形 ABCD において，

$$AC \cdot BD = AB \cdot CD + BC \cdot DA$$

4 選択

平行六面体 ABCD-EFGH において，△BDE の重心を K とします。このとき，次の問いに答えなさい。

(1)　$\overrightarrow{AK}$を，$\overrightarrow{AB}$, $\overrightarrow{AD}$, $\overrightarrow{AE}$を用いて表しなさい。　　(表現技能)

《空間ベクトル》

点 K は△BDE の重心ですから，

$$\overrightarrow{AK} = \boxed{\frac{1}{3}(\overrightarrow{AB} + \overrightarrow{AD} + \overrightarrow{AE})}$$

……

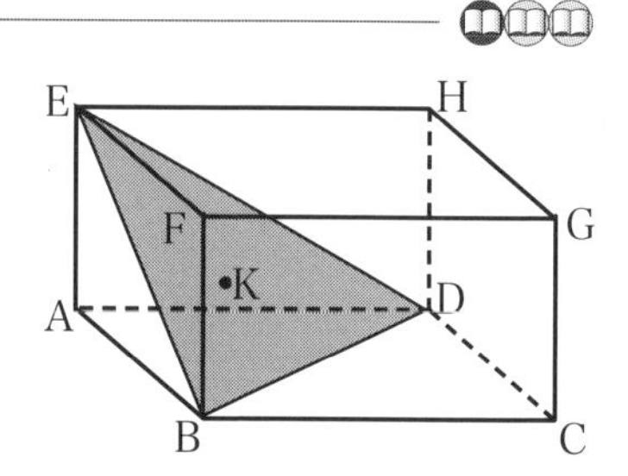

(2)　3点A，K，Gは同一直線上にあることを証明しなさい。

《共線条件》 

$$\overrightarrow{AG}=\overrightarrow{AB}+\overrightarrow{BC}+\overrightarrow{CG}$$

$$=\overrightarrow{AB}+\overrightarrow{AD}+\overrightarrow{AE}$$

これと（1）から，

$$\overrightarrow{AK}=\frac{1}{3}\boxed{\overrightarrow{AG}}$$

と表すことができるから，3点A，K，Gは同一直線上にある。

重心の位置ベクトル

3点の位置ベクトル$A(\vec{a})$，$B(\vec{b})$，$C(\vec{c})$に対し，△ABCの重心Gの位置ベクトルを$\vec{g}$とすると，

$$\vec{g}=\frac{\vec{a}+\vec{b}+\vec{c}}{3}$$

5 選択

$\log_{10}2=0.3010$，$\log_{10}3=0.4771$とします。$\left(\frac{5}{12}\right)^{20}$は小数第何位に初めて0でない数が現れるか求めなさい。また，初めて現れる0でない数を求めなさい。

《常用対数の利用》 

$$\log_{10}\left(\frac{5}{12}\right)^{20}=20\log_{10}\frac{5}{12}=20\log_{10}\frac{10}{24}$$

$$=20\log_{10}\frac{10}{2^3\cdot 3}$$

$$=20(\log_{10}10-3\log_{10}2-\log_{10}3)$$

$$=20(1-3\times 0.3010-0.4771)$$

$$=-7.602$$

したがって，

$$\left(\frac{5}{12}\right)^{20} = 10^{-7.602} = 10^{-8+0.398} = 10^{0.398} \times \boxed{10^{-8}}$$

よって，小数第$\boxed{8}$位に初めて 0 でない数が現れます。

また，その数は，

$$2 = 10^{0.3010} < 10^{0.398} < 10^{0.4771} = 3$$

が成り立つから，2 であることがわかります。

答 $\boxed{小数第8位}$，$\boxed{2}$

指数法則

a，bを 1 でない正の数，s，tを実数とするとき，

$$\boldsymbol{a}^s \times \boldsymbol{a}^t = a^{s+t}$$

$$\boldsymbol{a}^s \div \boldsymbol{a}^t = a^{s-t} \quad \cdots\cdots \ (*)$$

$$(\boldsymbol{a}^s)^t = a^{st}$$

$$(\boldsymbol{a} \times \boldsymbol{b})^s = a^s \times b^s$$

また(*)において，$t = s$とおくことにより，$1 = a^0$，$s = 0$とおくことにより，$\dfrac{1}{\boldsymbol{a}^t} = a^{-t}$を導くことができる。

対数の性質

$M > 0$，$N > 0$，$a > 0$，$a \fallingdotseq 1$，kは実数のとき，

$$\log_a M + \log_a N = \log_a MN$$

$$\log_a M - \log_a N = \log_a \frac{M}{N}$$

$$k\log_a M = \log_a M^k$$

$$\log_a M = \frac{\log_b M}{\log_b a} \quad (底の変換公式)$$

$$a^{\log_a M} = M$$

また，$\log_a a = 1$，$\log_a 1 = 0$

次の式の分母を有理化しなさい。

$$\frac{1}{\sqrt[3]{2}+1}$$

《指数関数》

公式 $(a+b)(a^2-ab+b^2)=a^3+b^3$ を利用します。

与えられた式の分母，分子に $\sqrt[3]{4}-\sqrt[3]{2}+1$ をかけると，

$$\frac{1}{\sqrt[3]{2}+1}=\frac{\sqrt[3]{4}-\sqrt[3]{2}+1}{(\sqrt[3]{2}+1)(\sqrt[3]{4}-\sqrt[3]{2}+1)}$$

$$=\frac{\sqrt[3]{4}-\sqrt[3]{2}+1}{(\sqrt[3]{2}+1)\{(\sqrt[3]{2})^2-\sqrt[3]{2}\cdot 1+1^2\}}$$

$$=\frac{\sqrt[3]{4}-\sqrt[3]{2}+1}{(\boxed{\sqrt[3]{2}})^3+\boxed{1}^3}$$

$$=\frac{\sqrt[3]{4}-\sqrt[3]{2}+1}{\boxed{2}+\boxed{1}}$$

$$=\boxed{\frac{\sqrt[3]{4}-\sqrt[3]{2}+1}{3}}$$ ……答

公式で，a を $\sqrt[3]{2}$，b を1とします。

7 必須

2つの放物線 $C_1: y=x^2$，$C_2: y=x^2-4x+12$ について次の問いに答えなさい。

(1) C_1 と C_2 両方に接する直線 ℓ の方程式を求めなさい。

《微積分》 

放物線 C_1 と直線 ℓ との接点の座標を $(a,\ a^2)$ とします。

$y'=\boxed{2x}$ より，接線の方程式は，

$$y-\boxed{a^2}=\boxed{2a}(x-\boxed{a})$$

$$y=2ax-a^2 \cdots\cdots ①$$

①と C_2 が接する条件は，次の2次方程式が重解をもつことです。

$$2ax-a^2=x^2-4x+12$$

整理して，

$x^2 - 2\ (a + 2)\ x + a^2 + 12 = 0$……②

②の判別式を D とすると，重解をもつ条件は，$D = 0$ だから，

$$\frac{D}{4} = (\boxed{a+2})^2 - \boxed{1} \times (\boxed{a^2+12}) = 0$$

$$a^2 + 4a + 4 - a^2 - 12 = 0$$

$$4a = 8$$

$$a = \boxed{2}$$

$a = \boxed{2}$ を①に代入して，接線の方程式は，$\boxed{y = 4x - 4}$

 $\boxed{y = 4x - 4}$

（2）C_1，C_2 と直線 ℓ で囲まれる図形の面積を求めなさい。

（測定技能）

《微積分》

　求めるのは，右の図の網目部分の面積です。

放物線 C_1 と C_2 の共有点の x 座標は，

$$x^2 = x^2 - 4x + 12$$

$$4x = 12$$

$$x = \boxed{3}$$

また，C_1 と直線 ℓ の接点の x 座標は，

$$x = \boxed{2}$$

C_2 と直線 ℓ の接点の x 座標は，②の重解ですから，

$$x = \frac{a+2}{1} = \boxed{4}$$

したがって，網目部分の面積は

$$\int_2^3 \boxed{\{x^2 - (4x - 4)\}}\, dx + \int_3^4 \boxed{\{x^2 - 4x + 12 - (4x - 4)\}}\, dx$$

$$= \underline{\int_2^3 \boxed{(x-2)^2}\, dx} + \underline{\int_3^4 \boxed{(x-4)^2}\, dx}$$

$$= \left[\boxed{\frac{1}{3}(x-2)^3} \right]_2^3 + \left[\boxed{\frac{1}{3}(x-4)^3} \right]_3^4$$

$$= \frac{1}{3}(\boxed{3-2})^3 + \left\{ -\frac{1}{3}(\boxed{3-4})^3 \right\}$$

$$= \boxed{\frac{1}{3}} + \boxed{\frac{1}{3}} = \boxed{\frac{2}{3}}$$

答 $\boxed{\frac{2}{3}}$

ワンポイント・アドバイス

因数分解してから，積分すると，あとの計算が楽になります。

放物線と接線による図形の面積

放物線 $C:f(x)=ax^2+bx+c$ と接線 $\ell:g(x)=mx+n$ の接点の x 座標を α とします。

これより，2次方程式 $ax^2+bx+c=mx+n$ の解は重解 $\boldsymbol{x=\alpha}$ となるので，

$\boldsymbol{f(x)-g(x)=a(x-\alpha)^2}$

と表せます。

右の図の，放物線 C と直線 ℓ，直線 $x=\beta$ で囲まれる部分の面積 S は

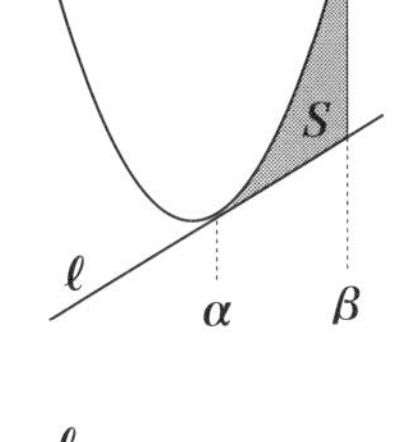

$$S=\int_\alpha^\beta |f(x)-g(x)|dx$$

$$=|a|\int_\alpha^\beta (x-\alpha)^2dx$$

$$=|a|\left[\frac{1}{3}(x-\alpha)^3\right]_\alpha^\beta$$

$$=\frac{|a|}{3}(\beta-\alpha)^3$$

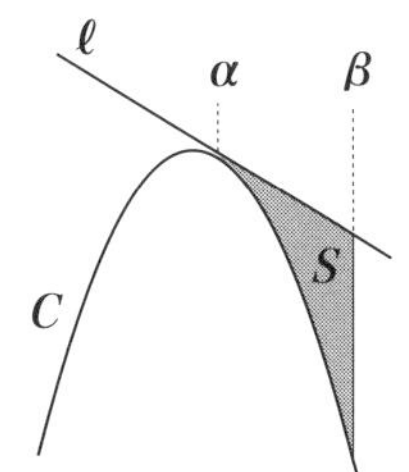

不定積分の公式

$$\int (x+a)^n dx = \frac{1}{n+1}(x+a)^{n+1}+C$$

解答一覧

くわしい解説は，「解説・解答」をごらんください。

第1回　1次

1　$(x+3)(x-3)(x^2+5)$

2　$2\sqrt{6}+2\sqrt{2}$

3　$x<2-\sqrt{7},\ 2+\sqrt{7}<x$

4　①　$120°$　②　$\dfrac{\sqrt{3}}{2}$

5　$a=4,\ b=-1$

6　$\dfrac{1}{2}$　　7　$40°$

8　1　　9　1

10　$-\dfrac{16}{65}$　　11　$\sqrt{2}-1$

12　$\dfrac{13}{5}$　　13　$\dfrac{32}{3}$

14　255

15　①　$\dfrac{1}{4}x^4-\dfrac{2}{3}x^3+3x^2+x+C$

（C は積分定数）　②　-30

第1回　2次

1　(1) 正弦定理より，

$$\frac{BC}{\sin 30°}=2\cdot 1$$

$BC=2\sin 30°=2\cdot\dfrac{1}{2}=1$　……答

同様に，　$CA=2\sin\theta$　……答

$AB=2\sin(150°-\theta)$　……答

(2)　△ABC の周の長さを ℓ とすると，

$\ell=AB+BC+CA$

$=2\sin(150°-\theta)+1+2\sin\theta$

$=2\{\sin\theta+\sin(150°-\theta)\}+1$

したがって，

$$\ell=2\cdot 2\sin\frac{\theta+(150°-\theta)}{2}\cdot\cos\frac{\theta-(150°-\theta)}{2}+1$$

$=4\sin 75°\cos(\theta-75°)+1$

三角形の内角の和は $180°$ であるから，$0°<\theta<150°$ で，

$-75°<\theta-75°<75°$

より，$\theta-75°=0°$ のとき，

$\cos(\theta-75°)=\cos 0°=1$ となるから，ℓ は最大となる。

したがって，最大値は，

$4\sin 75°\cdot 1+1$

$=4\sin(45°+30°)+1$

$=4(\sin 45°\cos 30°+\cos 45°\sin 30°)+1$

$=4\left(\dfrac{1}{\sqrt{2}}\cdot\dfrac{\sqrt{3}}{2}+\dfrac{1}{\sqrt{2}}\cdot\dfrac{1}{2}\right)+1$

$=\sqrt{6}+\sqrt{2}+1$　……答

2　放物線 $y=x^2$ 上の点 P の座標を $(t,\ t^2)$ と表す。

このとき，点 $P(t,\ t^2)$ と直線 $x-2y-5=0$ との距離 d は，

$$d=\frac{|t-2t^2-5|}{\sqrt{1^2+(-2)^2}}=\frac{|2t^2-t+5|}{\sqrt{5}}$$

$$=\frac{1}{\sqrt{5}}\left|2\left(t-\frac{1}{4}\right)^2+\frac{39}{8}\right|$$

$=\dfrac{1}{\sqrt{5}}\left\{2\left(t-\dfrac{1}{4}\right)^2+\dfrac{39}{8}\right\}$

したがって，d は $t=\dfrac{1}{4}$ のとき最小値となり，最小値は，

$$\frac{1}{\sqrt{5}}\cdot\frac{39}{8}=\frac{39\sqrt{5}}{40} \quad \cdots\cdots\text{答}$$

また，このときの点Pの座標は，

$$\left(\frac{1}{4},\ \frac{1}{16}\right) \quad \cdots\cdots\text{答}$$

3 (1) (左辺)−(右辺)

$=(m^2-n^2)^2+(2mn)^2-(m^2+n^2)^2$

$=m^4-2m^2n^2+n^4+4m^2n^2-(m^4+2m^2n^2+n^4)=0$

よって，(左辺)＝(右辺) が成り立つから，

$(m^2-n^2)^2+(2mn)^2=(m^2+n^2)^2$

(2) $(m,\ n)=(2,\ 1)$ のとき，

$(2^2-1^2)^2+(2\cdot2\cdot1)^2=(2^2+1^2)^2$

$3^2+4^2=5^2$

これは例と同じである。

$(m,\ n)=(3,\ 1)$ のとき，

$(3^2-1^2)^2+(2\cdot3\cdot1)^2=(3^2+1^2)^2$

$8^2+6^2=10^2$

これは，a，b，c の最大公約数が1であることに反する。

$(m,\ n)=(3,\ 2)$ のとき，

$(3^2-2^2)^2+(2\cdot3\cdot2)^2=(3^2+2^2)^2$

$5^2+12^2=13^2$

これは例と同じである。

$(m,\ n)=(4,\ 1)$ のとき，

$(4^2-1^2)^2+(2\cdot4\cdot1)^2=(4^2+1^2)^2$

$15^2+8^2=17^2$

したがって，

$(a,\ b,\ c)=(8,\ 15,\ 17)$ ……答

4 $y=\sin^2x+2\sin x\cos x+3\cos^2x$ に，

$$\sin^2x=\frac{1-\cos2x}{2},$$

$$\sin x\cos x=\frac{1}{2}\sin2x,$$

$$\cos^2x=\frac{1+\cos2x}{2}$$

を代入すると，

$$y=\frac{1-\cos2x}{2}+2\cdot\frac{1}{2}\sin2x+3\cdot\frac{1+\cos2x}{2}$$

$$=\sin2x+\cos2x+2$$

合成すると，

$$y=\sqrt{2}\sin\left(2x+\frac{\pi}{4}\right)+2$$

x は任意であるから，

$$-1\leqq\sin\left(2x+\frac{\pi}{4}\right)\leqq1$$

$$-\sqrt{2}\leqq\sqrt{2}\sin\left(2x+\frac{\pi}{4}\right)\leqq\sqrt{2}$$

$$2-\sqrt{2}\leqq\sqrt{2}\sin\left(2x+\frac{\pi}{4}\right)+2\leqq2+\sqrt{2}$$

答 最大値は $2+\sqrt{2}$
最小値は $2-\sqrt{2}$

5 直線 $3x-2y+4=0$ と y 軸との交点の座標は $(0,\ 2)$

直線 $5x+4y-30=0$ と x 軸との交点の座標は $(6,\ 0)$

直線 $3x-2y+4=0$ と直線 $5x+4y-30=0$ との交点の座標は $(2,\ 5)$ となるから，与えられた不等式の表す領域 D は，4点 $(0,\ 0)$，$(6,\ 0)$，$(2,\ 5)$，$(0,\ 2)$ を頂点とする四角形の内部とその周上である。

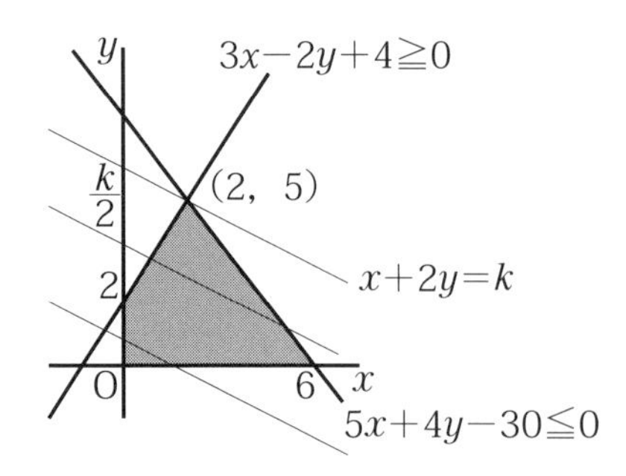

$x + 2y = k$……①

とおくと，$y = -\frac{1}{2}x + \frac{k}{2}$ であり，

k が最大値をとるのは，直線①と領域 D が共有点をもつ範囲で，y 切片が最大となるときである。

グラフから，直線①が点（2, 5）を通るとき，y 切片は最大となるため，k の最大値は，$x = 2$，$y = 5$ のとき

$k = 2 + 2 \times 5 = 12$

答 12

6 AKAKABU は，A3 個と，K2 個，B，U が 1 個ずつだから，4 文字の取り出し方は，次のいずれかになる。ただし，同じ記号は同じ文字とする。

① ○○○×　② ○○××

③ ○○×△　④ ○×△□

①の場合　○に入る文字は A のみで 1 通り。×に入る文字は，K, B, U の 3 通りだから，文字の選び方は 1 × 3 より 3 通り。そしてその並び方は 4 個の中に同じものが 3 個あるので，

$\frac{4!}{3!} = 4$ より，4 通り。よって，

$1 \times 3 \times 4 = 12$（通り）

②の場合　○，×に入る文字は A，K のいずれかで，${}_2C_2 = 1$ より，1 通り。そして，その並び方は，4 個の中に同じものが 2 個ずつあるので，$\frac{4!}{2!\,2!} = \frac{4 \cdot 3 \cdot 2 \cdot 1}{2 \cdot 1 \cdot 2 \cdot 1} = 6$ より，6 通り。よって，

$1 \times 6 = 6$（通り）

③の場合

○に入る文字は，A か K で，${}_2C_1 = 2$ より，2 通り，×，△に入る文字は○に使わなかった A か K と，B，U で ${}_3C_2 = 3$ より，3 通りだから，文字の選び方は 2×3 より 6 通り。そして，その並べ方は，4 個の中に同じものが 2 個あるので，$\frac{4!}{2!} = \frac{4 \cdot 3 \cdot 2 \cdot 1}{2 \cdot 1} = 12$ より，12 通り。よって，$6 \times 12 = 72$（通り）

④の場合

○×△□に入る文字は，A，K，B，U で，${}_4C_4 = 1$ より，1 通り。そして，並べ方は，$4! = 4 \cdot 3 \cdot 2 \cdot 1 = 24$（通り）

①，②，③，④の場合を合計すると，

$12 + 6 + 72 + 24 = 114$（通り）

答 114 通り

7 点 P の座標を（t，-1）とする。直線 $x = t$ は放物線 C に接することはないので，P を通る直線の傾きを m とすると，

$$y = mx - mt - 1$$

これが，$C : y = \frac{1}{4}x^2$ と接するとき，

$$\frac{1}{4}x^2 = mx - mt - 1$$

が成り立つ。

$$\frac{1}{4}x^2 - mx + mt + 1 = 0$$

判別式を D とすると，

$$D = (-m)^2 - 4 \cdot \frac{1}{4}(mt + 1) = 0$$

$$m^2 - tm - 1 = 0$$

この式を m についての 2 次方程式とみて，2 つの解を m_1，m_2 とおくと，解と係数の関係から，$m_1 \cdot m_2 = -1$

m_1，m_2 は点 P を通る C の 2 本の接線の傾きを表しているから，この 2 接線 m_1，m_2 は直交している。

よって，∠APB は点 P の位置と無関係に，つねに 90°で一定となる。

第2回　1次

1 $a^8 - b^8$

2 $-5 + 6\sqrt{2}$

3 $\frac{1}{2}$

4 $\frac{6\sqrt{3}}{5}$

5 $(a + b)(b + c)(c + a)$

6 280 通り

7 $\frac{7}{2}$

8 $\frac{137}{111}$

9 3

10 $r = 2\sqrt{2}$，$\alpha = -\frac{\pi}{6}$

11 $y = 2x - 2$

12 ① 0.398　② 20 けた

13 21

14 7

15 ① 2　② $\frac{2\sqrt{6}}{3}$

第2回　2次

1 コーシー・シュワルツの不等式に $a = 1$，$b = 2$，$c = 3$ と，条件 $x^2 + y^2 + z^2 = 1$ を代入すると，

$$(1^2+2^2+3^2)\cdot 1 \geqq (1\cdot x+2\cdot y+3\cdot z)^2$$

$$14 \geqq (x + 2y + 3z)^2$$

よって，

$$-\sqrt{14} \leqq x + 2y + 3z \leqq \sqrt{14}$$

また，等号が成り立つのは，$1:2:3 = x:y:z$ の場合であるから，$x = k$，$y = 2k$，$z = 3k$ として，条件 $x^2 + y^2 + z^2 = 1$ に代入すると，

$$14k^2 = 1 \qquad k = \pm\frac{1}{\sqrt{14}}$$

となり，等号が成り立つ x，y，z は存在する。

答 最大値は $\sqrt{14}$，最小値は $-\sqrt{14}$

2 (1) コインを 1 回投げたとき，表の出る確率は $\frac{1}{2}$ であるから，10 回投げたときの表の出る回数を X 回とすると，X は二項分布 $B\left(10,\ \frac{1}{2}\right)$ にしたがう。

よって，X の平均は

$$E(X) = 10 \cdot \frac{1}{2} = 5$$

また，得点を Y とすると，

$$Y = 10 \cdot X + (-5) \cdot (10 - X)$$
$$= 15X - 50$$

したがって，Y の平均 $E(Y)$ は

$$E(Y) = E(15X - 50) = 25$$

答 25

(2) Xの標準偏差は，

$$\sigma(X)=\sqrt{10\cdot\frac{1}{2}\cdot\frac{1}{2}}=\frac{\sqrt{10}}{2}$$

Yの標準偏差$\sigma(Y)$は，

$$\sigma(Y)=|15|\sigma(X)=15\cdot\frac{\sqrt{10}}{2}$$

$$=\frac{15\sqrt{10}}{2}$$ ……答

3 $a_{n+1}=2a_n+2^n$ の両辺を 2^{n+1} でわると，

$$\frac{a_{n+1}}{2^{n+1}}=\frac{2a_n}{2^{n+1}}+\frac{2^n}{2^{n+1}}=\frac{a_n}{2^n}+\frac{1}{2}$$

$\frac{a_n}{2^n}=b_n$ とおくと，$b_1=\frac{a_1}{2^1}=\frac{1}{2}$

したがって，$b_{n+1}=b_n+\frac{1}{2}$より，$\{b_n\}$は，初項$\frac{1}{2}$，公差$\frac{1}{2}$の等差数列だから，一般項は，

$$b_n=b_1+(n-1)d$$

$$=\frac{1}{2}+(n-1)\cdot\frac{1}{2}=\frac{1}{2}n$$

したがって，$\frac{a_n}{2^n}=\frac{1}{2}n$

$$a_n=\frac{1}{2}n\cdot 2^n=n\cdot 2^{n-1}$$ ……答

4 点Hは平面α上の点だから，s，t，uを実数として，

$$\overrightarrow{OH}=s\overrightarrow{OA}+t\overrightarrow{OB}+u\overrightarrow{OC}$$

$(s+t+u=1$……①$)$

と表せる。よって，

$\overrightarrow{OH}=s(1,\ 0,\ 0)+t(0,\ 2,\ 0)$
$+u(-1,\ 1,\ 1)$
$=(s-u,\ 2t+u,\ u)$

また，OHと平面αは垂直であるから，

$\overrightarrow{OH}\cdot\overrightarrow{AB}=0$，$\overrightarrow{OH}\cdot\overrightarrow{AC}=0$

ここで，

$\overrightarrow{AB}=(0,\ 2,\ 0)-(1,\ 0,\ 0)$
$=(-1,\ 2,\ 0)$
$\overrightarrow{AC}=(-1,\ 1,\ 1)-(1,\ 0,\ 0)$
$=(-2,\ 1,\ 1)$
$\overrightarrow{OH}\cdot\overrightarrow{AB}=(s-u)\times(-1)$
$+(2t+u)\times 2+u\times 0$
$=-s+4t+3u=0$……②
$\overrightarrow{OH}\cdot\overrightarrow{AC}=(s-u)\times(-2)+$
$(2t+u)\times 1+u\times 1$
$=-2s+2t+4u=0$……③

①，②，③を解くと，

$t=-\frac{1}{7}$，$u=\frac{3}{7}$，　$s=\frac{5}{7}$

したがって，

$\overrightarrow{OH}=\left(\frac{5}{7}-\frac{3}{7},\right.$
$\left.2\times\left(-\frac{1}{7}\right)+\frac{3}{7},\ \frac{3}{7}\right)$
$=\left(\frac{2}{7},\ \frac{1}{7},\ \frac{3}{7}\right)$

点Hの座標は $\left(\frac{2}{7},\ \frac{1}{7},\ \frac{3}{7}\right)$

答 $\left(\frac{2}{7},\ \frac{1}{7},\ \frac{3}{7}\right)$

5 立方体の頂点を1つ切り落とすと，切り口に正三角形が1つできる。もとの立方体の各面の正方形は，四隅の直角二等辺三角形を切り落とした図形で，正方形になる。

よって，残った図形は，正三角形8つと正方形6つの面をもつ立体になる。

面の数fは，$f=8+6=14$

頂点の数vは，1つの頂点を4つの面で共有しているから，

$$v=\frac{8\times3+6\times4}{4}=12$$

辺の数 e は，1 つの辺を 2 つの面で共有しているから，

$$e=\frac{8\times3+6\times4}{2}=24$$

よって，

$v-e+f=12-24+14=2$

6 (1) 2 つのさいころの出る目の数の差の絶対値 X を表にすると，右のようになる。

＼	1	2	3	4	5	6
1	0	1	2	3	4	5
2	1	0	1	2	3	4
3	2	1	0	1	2	3
4	3	2	1	0	1	2
5	4	3	2	1	0	1
6	5	4	3	2	1	0

X の分布表は次のようになる。

X	0	1	2	3	4	5	計
$P(X)$	$\frac{6}{36}$	$\frac{10}{36}$	$\frac{8}{36}$	$\frac{6}{36}$	$\frac{4}{36}$	$\frac{2}{36}$	1

したがって，X の平均 $E(X)$ は，

$$E(X)=0\cdot\frac{6}{36}+1\cdot\frac{10}{36}+2\cdot\frac{8}{36}$$

$$+3\cdot\frac{6}{36}+4\cdot\frac{4}{36}+5\cdot\frac{2}{36}=\frac{35}{18}$$ …答

(2) X^2 の平均 $E(X^2)$ は，

$$E(X^2)=0^2\cdot\frac{6}{36}+1^2\cdot\frac{10}{36}+2^2\cdot\frac{8}{36}$$

$$+3^2\cdot\frac{6}{36}+4^2\cdot\frac{4}{36}+5^2\cdot\frac{2}{36}=\frac{35}{6}$$

したがって，X の分散 $V(X)$ は，

$$V(X)=E(X^2)-\{E(X)\}^2$$

$$=\frac{35}{6}-\left(\frac{35}{18}\right)^2$$

$$=35\left(\frac{1}{6}-\frac{35}{18^2}\right)$$

$$=\frac{665}{324}$$ ……答

7 (1) $y=2tx-t^2$ を t についての 2 次方程式と考えると，

$$t^2-2xt+y=0$$

これが実数解をもたない条件は，判別式を D とすると，

$$\frac{D}{4}=x^2-y<0 \qquad y>x^2$$

よって，右の図の斜線部分で，境界は含まない。……答

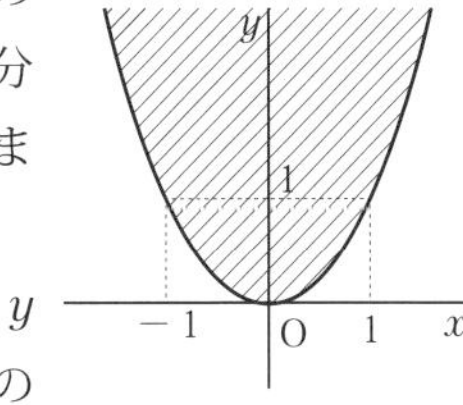

(2) $y=x^2$ と $y=2x+3$ との交点の x 座標は，

$x^2=2x+3$

$x^2-2x-3=0$

$(x-3)(x+1)=0$

$x=-1,\ 3$

囲まれた部分の面積を S とおくと，

$$S=\int_{-1}^{3}\{(2x+3)-x^2\}dx$$

$$=-\int_{-1}^{3}(x+1)(x-3)\,dx$$

$$=-\left(-\frac{1}{6}\right)\{3-(-1)\}^3=\frac{32}{3}$$ …答

第3回　1次

1　$\{1, 5, 7\}$

2　$3-\sqrt{5}$

3　$y=3x^2+4x+3$

$\left[y=3\left(x+\frac{2}{3}\right)^2+\frac{5}{3}\right]$

4　$60°$

5　$(x+3y+2)(x-2y+1)$

6　①　$\frac{15}{16}$　②　$\frac{3}{8}$

7　$2\sqrt{17}$

8　58

9　①　16　②　$-\frac{32}{7}$

10　$-\frac{1}{5}$

11　6

12　$x=1$

13　$y=-\frac{1}{2}x+2$

14　$\frac{49}{200}$

15　$\overrightarrow{AB}=\frac{\vec{a}-\vec{b}}{2}$

第3回　2次

1　(1) $q\sqrt{3}=-p$

ここで，$q\neq 0$と仮定すると，

$\sqrt{3}=-\frac{p}{q}$

ところが，右辺は有理数であり，

$\sqrt{3}$が無理数であることに矛盾する。

よって，$q=0$であり，このとき，

$p+0\times\sqrt{3}=0$

$p=0$

したがって，$p=q=0$

(2) $\frac{p}{2-\sqrt{3}}+\frac{q}{1+\sqrt{3}}=4+5\sqrt{3}$

左辺の分母を有理化して，

$\frac{p(2+\sqrt{3})}{(2-\sqrt{3})(2+\sqrt{3})}+\frac{q(\sqrt{3}-1)}{(\sqrt{3}+1)(\sqrt{3}-1)}$

$=4+5\sqrt{3}$

$\frac{p(2+\sqrt{3})}{4-3}+\frac{q(\sqrt{3}-1)}{3-1}$

$=4+5\sqrt{3}$

$2p+\sqrt{3}p+\frac{\sqrt{3}}{2}q-\frac{q}{2}$

$=4+5\sqrt{3}$

$2p-\frac{q}{2}-4+\left(p+\frac{1}{2}q-5\right)\sqrt{3}$

$=0$

(1) より，$2p-\frac{q}{2}-4=0$,

$p+\frac{1}{2}q-5=0$

これらを解いて，$p=3$, $q=4$

答 $p=3$, $q=4$

2　(1) 与えられた式の両辺の分母を払うと，

$6=a(x+2)(x+3)+bx(x+3)$

$+cx(x+2)$

$x=0$を代入すると，

$6=6a$　　$a=1$

$x=-2$を代入すると，

$6=-2b$　　$b=-3$

$x=-3$を代入すると，

$6=3c$　　$c=2$

逆に，$\frac{6}{x(x+2)(x+3)}$

$$=\frac{1}{x}-\frac{3}{x+2}+\frac{2}{x+3}$$

は，$x=0$，-2，-3を除くすべてのxに対して成り立つ。

よって，

$a=1$，$b=-3$，$c=2$ ……答

(2) (1) より，

$$\sum_{k=1}^{n}\frac{6}{k(k+2)(k+3)}$$

$$=\sum_{k=1}^{n}\left(\frac{1}{k}-\frac{3}{k+2}+\frac{2}{k+3}\right)$$

$$=\sum_{k=1}^{n}\left\{\left(\frac{1}{k}-\frac{1}{k+2}\right)-2\left(\frac{1}{k+2}-\frac{1}{k+3}\right)\right\}$$

$$=\sum_{k=1}^{n}\left(\frac{1}{k}-\frac{1}{k+2}\right)-2\sum_{k=1}^{n}\left(\frac{1}{k+2}-\frac{1}{k+3}\right)$$

$$=A-2B$$

とすると，$A=\dfrac{n(3n+5)}{2(n+1)(n+2)}$

$$B=\frac{n}{3(n+3)}$$

$$\therefore A-2B=\frac{n(5n^2+30n+37)}{6(n+1)(n+2)(n+3)}$$

……答

3 ADは角の二等分線だから，

$$\mathrm{BD}:\mathrm{CD}=\mathrm{AB}:\mathrm{AC}=c:b$$

したがって，

$$\mathrm{BD}=\frac{c}{c+b}a,\ \mathrm{CD}=\frac{b}{c+b}a$$

ここで，$\angle\mathrm{ADB}=\theta$とおくと，

$\angle\mathrm{ADC}=180°-\theta$となるから，

$\triangle\mathrm{ABD}$において，余弦定理より，

$$\mathrm{AB}^2=\mathrm{AD}^2+\mathrm{BD}^2-2\mathrm{AD}\cdot\mathrm{BD}\cos\theta$$

$$c^2=\mathrm{AD}^2+\left(\frac{ca}{c+b}\right)^2-2\mathrm{AD}\cdot\frac{ca}{c+b}\cos\theta\quad\cdots\cdots①$$

$\triangle\mathrm{ACD}$において，余弦定理により，

$$\mathrm{AC}^2=\mathrm{AD}^2+\mathrm{CD}^2-2\mathrm{AD}\cdot\mathrm{CD}\cos(180°-\theta)$$

$$b^2=\mathrm{AD}^2+\left(\frac{ba}{c+b}\right)^2+2\mathrm{AD}\cdot\frac{ba}{c+b}\cos\theta\quad\cdots\cdots②$$

①$\times b+$②$\times c$より，

$$bc^2+b^2c=b\mathrm{AD}^2+c\mathrm{AD}^2+\frac{bc^2a^2}{(c+b)^2}+\frac{cb^2a^2}{(c+b)^2}$$

$$bc(c+b)=(b+c)\mathrm{AD}^2+\frac{a^2bc(c+b)}{(c+b)^2}$$

$$\therefore\quad \mathrm{AD}^2=cb-\frac{ca}{c+b}\cdot\frac{ba}{c+b}$$

$$=\mathrm{AB}\cdot\mathrm{AC}-\mathrm{BD}\cdot\mathrm{CD}$$

4 ユークリッドの互除法を用いて，

$32-27\cdot1=5$ ……①

$27-5\cdot5=2$ ……②

$5-2\cdot2=1$ ……③

②を③に代入すると，

$5\cdot11-27\cdot2=1$ ……④

①を④に代入すると，

$32\cdot11-27\cdot13=1$ ……⑤

よって，与えられた式から⑤をひくと，$32(x-11)=27(y-13)$ …⑥

⑥より，$32(x-11)$は27の倍数であることがわかる。ところが，32と27は互いに素だから，$x-11$が27の倍数であることがわかる。

したがって，整数nを用いて，次のように表すことができる。

$$x - 11 = 27n$$
$$x = 27n + 11$$

これを⑥に代入して,

$$y = 32n + 13$$

答 $\begin{cases} x = 27n + 11 \\ y = 32n + 13 \end{cases}$ （n は整数）

5 $f(x) = 2x^3 - 3x^2 - 6x + 1$ を微分すると, $f'(x) = 6(x^2 - x - 1)$

$f'(x) = 0$ とおくと, $x = \frac{1 \pm \sqrt{5}}{2}$

増減表は下のようになる。

x	$\cdots$	$\frac{1-\sqrt{5}}{2}$	$\cdots$	$\frac{1+\sqrt{5}}{2}$	$\cdots$
$f'(x)$	+	0	−	0	+
$f(x)$	↗	極大	↘	極小	↗

したがって, 極値は, $f\left(\frac{1 \pm \sqrt{5}}{2}\right)$

ここで,

$$f(x) = (x^2 - x - 1)(2x - 1) - 5x$$
$$= \frac{1}{6}f'(x)(2x - 1) - 5x$$

だから, $f'\left(\frac{1 \pm \sqrt{5}}{2}\right) = 0$ より,

$$f\left(\frac{1 \pm \sqrt{5}}{2}\right) = -5 \cdot \frac{1 \pm \sqrt{5}}{2}$$
$$= \frac{-5 \mp 5\sqrt{5}}{2}$$ （複号同順）

答 極大値 $\frac{-5 + 5\sqrt{5}}{2}\left(x = \frac{1 - \sqrt{5}}{2}\right)$

極小値 $\frac{-5 - 5\sqrt{5}}{2}\left(x = \frac{1 + \sqrt{5}}{2}\right)$

6 ${}_kC_r + {}_kC_{r-1}$

$$= \frac{k!}{(k - r)!r!} + \frac{k!}{(k - r + 1)!(r - 1)!}$$
$$= \frac{k!(k - r + 1) + k!r}{(k - r + 1)!r!}$$
$$= \frac{k!(k - r + 1 + r)}{(k - r + 1)!r!}$$
$$= \frac{k!(k + 1)}{(k - r + 1)!r!}$$
$$= \frac{(k + 1)!}{(k + 1 - r)!r!}$$
$$= {}_{k+1}C_r$$

7 (1) 与えられた方程式は実数係数の２次方程式だから, ２つの解 α, β は, ともに実数, ともに虚数のいずれかである。

(i) ともに実数の場合

判別式 D について,

$D = a^2 - 4 \cdot 1 \cdot b \geqq 0$ より,

$$b \leqq \frac{1}{4}a^2$$

このとき, $-1 \leqq x \leqq 1$ で２つの解をもつ条件は, $f(x) = x^2 + ax + b$ について, $-1 \leqq -\frac{a}{2} \leqq 1$

$$2 \geqq a \geqq -2$$

$f(1) = 1 + a + b \geqq 0$, $b \geqq -a - 1$

$f(-1) = 1 - a + b \geqq 0$, $b \geqq a - 1$

したがって, $\begin{cases} b \leqq \frac{1}{4}a^2 \\ -2 \leqq a \leqq 2 \\ b \geqq -a - 1 \\ b \geqq a - 1 \end{cases}$

(ii) ともに虚数の場合

判別式 D について,

$D = a^2 - 4 \cdot 1 \cdot b < 0$ より, $b > \frac{1}{4}a^2$

このとき, 虚数解 α, β は共役複素数どうしだから実数 p, q を用いて,

$\alpha = p + qi$, $\beta = p - qi$ と表せる。

すると，

$$|\alpha| = |\beta| = \sqrt{(p+qi)(p-qi)}$$
$$= \sqrt{p^2+q^2} \leqq 1$$
$$p^2 + q^2 \leqq 1$$

また，解と係数の関係から，

$$\alpha\beta = (p+qi)(p-qi)$$
$$= p^2 + q^2 = b \text{ より，}$$
$$0 \leqq b \leqq 1$$

したがって，$\begin{cases} b > \dfrac{1}{4}a^2 \\ 0 \leqq b \leqq 1 \end{cases}$

よって，(i)，または (ii) より，下の図の斜線部分で境界を含む。

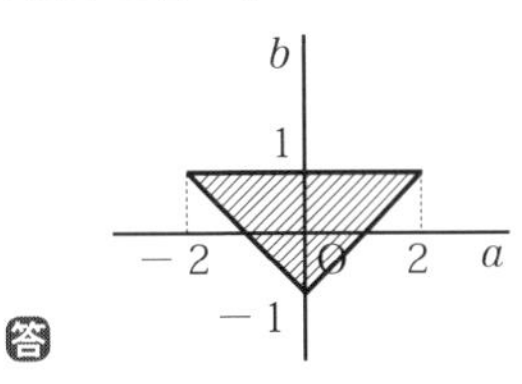

(2) 求める面積は，底辺が 4，高さが 2 の三角形の面積であるから，

$$\frac{1}{2} \cdot 4 \cdot 2 = 4 \quad \cdots\cdots \text{答}$$

第4回 1次

1 $-1 < x < 2$

2 18

3 (1, 1)

4 $\dfrac{3\sqrt{2}}{2}$

5 -37

6 $\dfrac{2}{5}$

7 1：2

8 124

9 $x = -\dfrac{1}{2}, \ \dfrac{-1 \pm \sqrt{3}\,i}{2}$

10 ① $-\dfrac{7}{9}$ ② $\dfrac{\sqrt{3}}{3}$

11 $x < 2$

12 11

13 364

14 ① P(3, 5)，Q(7, 13)
② (5, 5)

15 $t = \dfrac{1}{2}$

第4回 2次

1 素数が n 個であると仮定し，小さい順に p_1, p_2, p_3, ……, p_n（n は自然数）とおく。すると，

$$N = p_1 \times p_2 \times p_3 \times \cdots\cdots \times p_n + 1$$

と表せる自然数 N は，p_1, p_2, p_3, ……, p_n のすべてと異なり，さらに，すべての素数 p_1, p_2, p_3, ……, p_n でわり切れない。

したがって，N は素数であることがわかる。

すると，素数は $(n+1)$ 個になるため，素数が n 個（有限個）であるという仮定に矛盾する。

したがって，素数は無限に存在する。

2 $|\vec{a}| = \sqrt{(-1)^2 + (-3)^2 + 2^2}$
$= \sqrt{14}$

$|\vec{b}| = \sqrt{3^2 + 2^2 + 1^2} = \sqrt{14}$

また,

$\vec{a}\cdot\vec{b}=(-1)\cdot3+(-3)\cdot2+2\cdot1$

$=-7$

したがって,

$$\cos\theta=\frac{\vec{a}\cdot\vec{b}}{|\vec{a}||\vec{b}|}$$

$$=\frac{-7}{\sqrt{14}\times\sqrt{14}}=-\frac{1}{2}$$

$0\leqq\theta\leqq180°$だから,

$\theta=120°$ ……答

3 $x=3.\dot{2}\dot{1}_{(5)}$ とします。

$$x=3+2\times\left(\frac{1}{5}\right)^1+1\times\left(\frac{1}{5}\right)^2$$

$$+2\times\left(\frac{1}{5}\right)^3+1\times\left(\frac{1}{5}\right)^4+\cdots$$

……①

両辺に 5^2 をかけて,

$$5^2x=5^2\cdot3+5^2\cdot2\times\left(\frac{1}{5}\right)^1+$$

$$5^2\cdot1\times\left(\frac{1}{5}\right)^2+5^2\cdot2\times\left(\frac{1}{5}\right)^3$$

$$+5^2\cdot1\times\left(\frac{1}{5}\right)^4+\cdots$$

$$5^2x=75+10+1+2\times\left(\frac{1}{5}\right)^1$$

$$+1\times\left(\frac{1}{5}\right)^2+\cdots \quad \cdots\cdots②$$

②−①より

$5^2x-x=75+10+1-3$

$24x=83$

$$x=\frac{83}{24}$$

答 $\frac{83}{24}$

4 (1) $2^x+2^{-x}=t$の両辺を平方すると,

$(2^x)^2+2\cdot2^x\cdot2^{-x}+(2^{-x})^2=t^2$

$2^{2x}+2^{-2x}=t^2-2$

したがって,与えられた式は,

$y=2^{2x}\cdot2^1-2^x\cdot2^2+2$

$-2^{-x}\cdot2^2+2^{-2x}\cdot2^1$

$=2(2^{2x}+2^{-2x})$

$-2^2(2^x+2^{-x})+2$

$=2(t^2-2)-4t+2$

$=2t^2-4t-2$ ……答

(2) (1) より,

$y=2t^2-4t-2$

$y=2(t-1)^2-4$

ここで, $2^x>0, 2^{-x}>0$であるから,
相加・相乗平均の関係より,

$2^x+2^{-x}\geqq2\sqrt{2^x\cdot2^{-x}}$

$=2\sqrt{1}=2$

つまり, $t\geqq2$

よって, $t=2$のとき最小となり,
最小値は,

$y=2\cdot2^2-4\cdot2-2$

$=-2$ ……答

5 $|\overrightarrow{AB}|=10$, $|\overrightarrow{AC}|=6$

$\overrightarrow{AB}\cdot\overrightarrow{AC}=|\overrightarrow{AB}||\overrightarrow{AC}|\cos120°$

$$=10\cdot6\cdot\left(-\frac{1}{2}\right)$$

$=-30$

であるから,辺ABの中点をM,辺ACの中点をNとおくと,

$\overrightarrow{AB}\cdot\overrightarrow{AE}$

$=|\overrightarrow{AB}||\overrightarrow{AE}|\cos\angle EAM$

$=|\overrightarrow{AB}||\overrightarrow{AM}|=10\cdot5=50$ ……①

$\overrightarrow{AC}\cdot\overrightarrow{AE}$

$=|\overrightarrow{AC}||\overrightarrow{AE}|\cos\angle EAN$

$=|\overrightarrow{AC}||\overrightarrow{AN}|=6\cdot 3=18$ ……②

ここで，$\overrightarrow{AE}=s\overrightarrow{AB}+t\overrightarrow{AC}$とおくと，

$\overrightarrow{AB}\cdot\overrightarrow{AE}=\overrightarrow{AB}\cdot(s\overrightarrow{AB}+t\overrightarrow{AC})$

$=s|\overrightarrow{AB}|^2+t\overrightarrow{AB}\cdot\overrightarrow{AC}$

①より，

$50=s\cdot 10^2+t(-30)$

$10s-3t=5$ ……③

$\overrightarrow{AC}\cdot\overrightarrow{AE}=\overrightarrow{AC}\cdot(s\overrightarrow{AB}+t\overrightarrow{AC})$

$=s\overrightarrow{AB}\cdot\overrightarrow{AC}+t|\overrightarrow{AC}|^2$

②より，

$18=s\cdot(-30)+t\cdot 6^2$

$-5s+6t=3$ ……④

③+④×2より，

$9t=11$

$t=\dfrac{11}{9}$

③に代入すると，

$10s-\dfrac{11}{3}=5$

$s=\dfrac{13}{15}$

$\therefore\ \overrightarrow{AE}=\dfrac{13}{15}\overrightarrow{AB}+\dfrac{11}{9}\overrightarrow{AC}$ ……答

6 (左辺)−(右辺)

$=\dfrac{a+b+c}{3}-\sqrt[3]{abc}$

ここで，$a=A^3$，$b=B^3$，$c=C^3$とおくと，a, b, cは正の数であるから，A，B，Cも正の数となる。

(左辺)−(右辺)

$=\dfrac{A^3+B^3+C^3}{3}-\sqrt[3]{A^3B^3C^3}$

$=\dfrac{1}{3}(A^3+B^3+C^3-3ABC)$

$=\dfrac{1}{3}(A+B+C)(A^2+B^2+C^2-AB-BC-CA)$

ここで，$A+B+C>0$，

また，

$A^2+B^2+C^2-AB-BC-CA$

$=\dfrac{1}{2}\{(A^2-2AB+B^2)+(B^2-2BC+C^2)+(C^2-2CA+A^2)\}$

$=\dfrac{1}{2}\{(A-B)^2+(B-C)^2+(C-A)^2\}$

$\geqq 0$

よって，(左辺)−(右辺)$\geqq 0$となり，与式は成り立つ。

なお，等号成立条件は，

$(A-B)^2=0$かつ$(B-C)^2=0$かつ$(C-A)^2=0$

すなわち，$A=B$かつ$B=C$かつ$C=A$より，　$A=B=C$

$a=A^3, b=B^3, c=C^3$であるから，$a=b=c$のときに等号が成り立つ。

7 直線ℓの傾きをmとすると，

$\ell：y-2=m(x-1)$

$y=mx-m+2$

これと放物線$C：y=x^2$から，

$x^2-mx+m-2=0$

この2次方程式は，判別式Dが，

$D=(-m)^2-4\times 1\times(m-2)$

$=m^2-4m+8$

$=(m-2)^2+4>0$

となるから，mの値にかかわらず，必ず異なる2つの実数解をもつ。

$x^2-mx+m-2=0$ の2つの実数解を α, β ($\alpha<\beta$) とおくと，解と係数の関係から，

① $\begin{cases}\alpha+\beta=m\\ \alpha\beta=m-2\end{cases}$

このとき，放物線 C と直線 ℓ とで囲まれる面積 S は，次のように求めることができる。

$$S=\int_\alpha^\beta\{(mx-m+2)-x^2\}dx$$

$$=-\int_\alpha^\beta(x^2-mx+m-2)\,dx$$

$$=\int_\alpha^\beta-(x-\alpha)(x-\beta)\,dx$$

$$=-\frac{-1}{6}(\beta-\alpha)^3$$

$$=\frac{1}{6}\{(\beta-\alpha)^2\}^{\frac{3}{2}}$$

$$=\frac{1}{6}\{(\alpha+\beta)^2-4\alpha\beta\}^{\frac{3}{2}}$$

①をこの式に代入すると，

$$S=\frac{1}{6}\{m^2-4(m-2)\}^{\frac{3}{2}}$$

$$=\frac{1}{6}(m^2-4m+8)^{\frac{3}{2}}$$

$$=\frac{1}{6}\{(m-2)^2+4\}^{\frac{3}{2}}$$

より，S が最小となるのは，$m=2$ のときである。

このとき，

$\ell:y=2x-2+2=2x$ となるから，

C と ℓ の2つの交点P，Qは，

$$x^2=2x$$

$$x^2-2x=x(x-2)=0$$

$$x=0,\ 2$$

より，P(0, 0) とQ(2, 4) で，中点は，

$$\left(\frac{0+2}{2},\ \frac{0+4}{2}\right)=(1,\ 2)$$

となり，点Aと一致する。

ゆえに，S が最小となるとき，点Aは線分PQの中点となる。

第5回　1次

1 $x^4+10x^3+35x^2+50x+24$

2 $2\sqrt{3}-3$

3 2

4 $\dfrac{15\sqrt{3}}{4}$

5 135

6 27本

7 4：1

8 112

9 ① $a=-1$, $b=-7$
② $x=-3$, $2-i$

10 $0\leqq\theta\leqq\dfrac{7}{6}\pi$，$\dfrac{11}{6}\pi\leqq\theta<2\pi$

11 $3\pi+2$

12 $-\dfrac{5\sqrt{5}}{6}$

13 $x=-1$, $y=2$

14 $n(n-1)$

15 ① $\dfrac{3}{2}$　② $\dfrac{11}{21}$

第5回　2次

1　(1) $x \in A$ とすると，$x = 3m + 5n$ (m, n は整数) と表すことができる。ここで，$3m + 5n$ は整数であるから，$x \in B$ である。よって，$x \in A$ ならば $x \in B$ が成立するので，$A \subset B$

(2) $y \in B$ とすると，$y = k$ (k は整数) と表すことができる。ここで，

$k = k \times 1 = k \times \{3 \times 7 + 5 \times (-4)\}$

$= 3 \times 7k + 5 \times (-4k)$

より，$y = 3 \times 7k + 5 \times (-4k)$

と表すことができる。$7k$, $-4k$ はともに整数であるから，$y \in A$ である。

したがって，$y \in B$ ならば $y \in A$ が成立するので，$B \subset A$

よって，$A \subset B$ かつ $B \subset A$ であるから，$A = B$

2　$X = 3^x$ $(X > 0)$，$Y = 3^y$ $(Y > 0)$ とすると，

$3^{x+y} = 3^x 3^y = XY$

$$\begin{cases} X - Y = 8 \cdot 3^2 \cdots\cdots ① \\ XY = 3^6 \cdots\cdots ② \end{cases}$$

①より，$Y = X - 8 \cdot 3^2$

これを②に代入して，

$X(X - 8 \cdot 3^2) = 3^6$

$X^2 - 8 \cdot 3^2 X - 9 \cdot 3^4 = 0$

$(X + 3^2)(X - 9 \cdot 3^2) = 0$

$X > 0$ より，$X - 9 \cdot 3^2 = 0$

$X = 9 \cdot 3^2 = 3^4$

$Y = 9 \cdot 3^2 - 8 \cdot 3^2 = 3^2$

よって，$3^x = 3^4$ より，$x = 4$,

$3^y = 3^2$ より，$y = 2$

答　$x = 4$, $y = 2$

3　四角形ABCDは円に内接するから，$\angle ABC = \theta$ とおくと，

$\angle ADC = 180° - \theta$

△ABCに余弦定理を用いると，

$AC^2 = 1^2 + 2^2 - 2 \cdot 1 \cdot 2\cos\theta$

$AC^2 = 5 - 4\cos\theta$　……①

同様に，△ACDにおいて，

$AC^2 = 25 + 24\cos\theta$　……②

①×6＋②より，$AC^2 = \dfrac{55}{7}$

$AC > 0$ より，$AC = \sqrt{\dfrac{55}{7}} = \dfrac{\sqrt{385}}{7}$

次に，四角形ABCDが円に内接することから，トレミーの定理により，

$\dfrac{\sqrt{385}}{7} \cdot BD = 1 \cdot 3 + 2 \cdot 4$

$BD = 11 \times \dfrac{7}{\sqrt{385}} = \dfrac{\sqrt{385}}{5}$

答　$AC = \dfrac{\sqrt{385}}{7}$，$BD = \dfrac{\sqrt{385}}{5}$

4　(1) 点Kは△BDEの重心だから，

$\overrightarrow{AK} = \dfrac{1}{3}(\overrightarrow{AB} + \overrightarrow{AD} + \overrightarrow{AE})$　……答

(2)　$\overrightarrow{AG} = \overrightarrow{AB} + \overrightarrow{BC} + \overrightarrow{CG}$

$= \overrightarrow{AB} + \overrightarrow{AD} + \overrightarrow{AE}$

これと (1) から，

$\overrightarrow{AK} = \dfrac{1}{3}\overrightarrow{AG}$

と表すことができるから，3点A，K，Gは同一直線上にある。

5　$\log_{10}\left(\dfrac{5}{12}\right)^{20} = 20\log_{10}\dfrac{10}{2^3 \cdot 3}$

$= 20(\log_{10}10 - 3\log_{10}2 - \log_{10}3)$

$= 20(1 - 3 \times 0.3010 - 0.4771)$
$= -7.602$

したがって，

$$\left(\frac{5}{12}\right)^{20} = 10^{-7.602} = 10^{-8+0.398} = 10^{0.398} \times 10^{-8}$$

よって，小数第8位に初めて0でない数が現れる。また，その数は，
$2 = 10^{0.3010} < 10^{0.398} < 10^{0.4771} = 3$
が成り立つから，2であることがわかる。

答 小数第8位，2

6 与えられた式の分母，分子に$\sqrt[3]{4} - \sqrt[3]{2} + 1$をかけると，

$$\frac{1}{\sqrt[3]{2}+1} = \frac{\sqrt[3]{4}-\sqrt[3]{2}+1}{(\sqrt[3]{2}+1)(\sqrt[3]{4}-\sqrt[3]{2}+1)} = \frac{\sqrt[3]{4}-\sqrt[3]{2}+1}{(\sqrt[3]{2})^3+1^3} = \frac{\sqrt[3]{4}-\sqrt[3]{2}+1}{3}$$ ……**答**

7 (1) 放物線C_1と直線ℓとの接点の座標を（a，a^2）とすると、接線の方程式は，
$y = 2ax - a^2$……①
①とC_2が接する条件は，次の2次方程式が重解をもつことである。
$2ax - a^2 = x^2 - 4x + 12$
整理して，
$x^2 - 2(a+2)x + a^2 + 12 = 0$
……②
②の判別式をDとすると，重解をもつ条件は，$D = 0$だから，

$$\frac{D}{4} = (a+2)^2 - 1 \times (a^2+12) = 0$$

$a^2 + 4a + 4 - a^2 - 12 = 0$
$4a = 8$
$a = 2$
$a = 2$を①に代入して，接線の方程式は，$y = 4x - 4$

答 $y = 4x - 4$

(2) 求めるのは，下の図の網目部分の面積である。

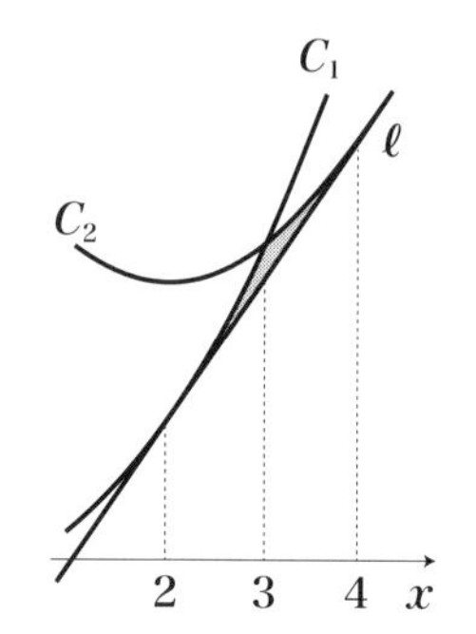

放物線C_1とC_2の共有点のx座標は，
$x^2 = x^2 - 4x + 12$
$4x = 12$
$x = 3$
また，C_1と直線ℓの接点のx座標は，
$x = 2$
C_2と直線ℓの接点のx座標は，②の重解であるから，

$$x = \frac{a+2}{1} = 4$$

したがって，網目部分の面積は

$$\int_2^3 \{x^2 - (4x-4)\}dx + \int_3^4 \{x^2 - 4x + 12 - (4x-4)\}dx$$
$$= \int_2^3 (x-2)^2 dx + \int_3^4 (x-4)^2 dx$$

$$= \left[\frac{1}{3}(x-2)^3\right]_2^3 + \left[\frac{1}{3}(x-4)^3\right]_3^4$$

$$= \frac{1}{3}(3-2)^3 + \left\{-\frac{1}{3}(3-4)^3\right\}$$

$$= \frac{1}{3} + \frac{1}{3} = \frac{2}{3}$$

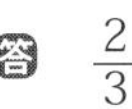 $\frac{2}{3}$

第1回 1次 計算技能

標準解答時間 50分

解答用紙　解説・解答▶ p.58 ～ p.71　解答一覧▶ p.190

1	
2	
3	
4	①
	②
5	
6	
7	
8	
9	
10	
11	
12	
13	
14	
15	①
	②

＊本書では，1次の合格基準を11問（70%）以上（4，15の①，②は0.5問）としています。

拡大コピーしてご利用ください。解答欄に書ききれない場合は別紙に書いてください。

第1回 2次 数理技能

標準解答時間 90分

解答用紙　解説・解答▶ p.73 ～ p.82　解答一覧▶ p.190 ～ p.193

(選択)問題番号	
1○ 2○ 3○ 4○ 5○ 選択した番号の○内をぬりつぶしてください。	※特別に指示のないかぎり，解法の過程を記述してください。
1○ 2○ 3○ 4○ 5○ 選択した番号の○内をぬりつぶしてください。	※特別に指示のないかぎり，解法の過程を記述してください。
1○ 2○ 3○ 4○ 5○ 選択した番号の○内をぬりつぶしてください。	※特別に指示のないかぎり，解法の過程を記述してください。

問題	
6（必須）	※特別に指示のないかぎり，解法の過程を記述してください。
7（必須）	※特別に指示のないかぎり，解法の過程を記述してください。

＊本書では，2次の合格基準を3問（60%）以上としています。

拡大コピーしてご利用ください。解答欄に書ききれない場合は別紙に書いてください。

第2回 1次 計算技能

標準解答時間 50分

解答用紙　解説・解答▶ p.84 〜 p.99　解答一覧▶ p.193

1		9	
2		10	
3		11	
4		12	①
			②
5		13	
6		14	
7		15	①
8			②

＊本書では，1次の合格基準を11問（70%）以上（⑫，⑮の①，②は0.5問）としています。

拡大コピーしてご利用ください。解答欄に書ききれない場合は別紙に書いてください。

第2回 2次 数理技能

標準解答時間 90分

解答用紙 解説・解答▶ p.101 ～ p.109　解答一覧▶ p.193 ～ p.195

(選択)問題番号
1○ 2○ 3○ 4○ 5○
選択した番号の○内をぬりつぶしてください。

※特別に指示のないかぎり，解法の過程を記述してください。

(選択)問題番号
1○ 2○ 3○ 4○ 5○
選択した番号の○内をぬりつぶしてください。

※特別に指示のないかぎり，解法の過程を記述してください。

(選択)問題番号
1○ 2○ 3○ 4○ 5○
選択した番号の○内をぬりつぶしてください。

※特別に指示のないかぎり，解法の過程を記述してください。

6 (必須)

※特別に指示のないかぎり，解法の過程を記述してください。

7 (必須)

※特別に指示のないかぎり，解法の過程を記述してください。

＊本書では，2次の合格基準を3問（60%）以上としています。

拡大コピーしてご利用ください。解答欄に書ききれない場合は別紙に書いてください。

第3回 1次 計算技能

標準解答時間 50分

解答用紙　　解説・解答▶ p.112 ～ p.128　解答一覧▶ p.196

1		9	①
2			②
3		10	
4		11	
5		12	
6	①	13	
	②	14	
7		15	
8			

＊本書では，1次の合格基準を11問（70％）以上（⑥，⑨の①，②は0.5問）としています。

拡大コピーしてご利用ください。解答欄に書ききれない場合は別紙に書いてください。

第3回 2次 数理技能

標準解答時間 90分

解答用紙　解説・解答▶ p.130 〜 p.142　解答一覧▶ p.196 〜 p.199

(選択)問題番号 1○ 2○ 3○ 4○ 5○ 選択した番号の○内をぬりつぶしてください。	※特別に指示のないかぎり，解法の過程を記述してください。
(選択)問題番号 1○ 2○ 3○ 4○ 5○ 選択した番号の○内をぬりつぶしてください。	※特別に指示のないかぎり，解法の過程を記述してください。
(選択)問題番号 1○ 2○ 3○ 4○ 5○ 選択した番号の○内をぬりつぶしてください。	※特別に指示のないかぎり，解法の過程を記述してください。
6 (必須)	※特別に指示のないかぎり，解法の過程を記述してください。
7 (必須)	※特別に指示のないかぎり，解法の過程を記述してください。

＊本書では，2次の合格基準を3問（60%）以上としています。

拡大コピーしてご利用ください。解答欄に書ききれない場合は別紙に書いてください。

第4回 1次 計算技能

標準解答時間 50分

解答用紙　解説・解答▶ p.143 ～ p.157　解答一覧▶ p.199

1		9	
2		10	①
			②
3		11	
4		12	
5		13	
6		14	①
			②
7		15	
8			

＊本書では，1次の合格基準を11問（70%）以上（⑩，⑭の①，②は0.5問）としています。

拡大コピーしてご利用ください。解答欄に書ききれない場合は別紙に書いてください。

第4回 2次 数理技能

標準解答時間 90分

解答用紙　解説・解答▶ p.158 ～ p.165　解答一覧▶ p.199 ～ p.202

(選択)問題番号	
1○ 2○ 3○ 4○ 5○ 選択した番号の○内をぬりつぶしてください。	※特別に指示のないかぎり，解法の過程を記述してください。
1○ 2○ 3○ 4○ 5○ 選択した番号の○内をぬりつぶしてください。	※特別に指示のないかぎり，解法の過程を記述してください。
1○ 2○ 3○ 4○ 5○ 選択した番号の○内をぬりつぶしてください。	※特別に指示のないかぎり，解法の過程を記述してください。

6 (必須)	※特別に指示のないかぎり，解法の過程を記述してください。
7 (必須)	※特別に指示のないかぎり，解法の過程を記述してください。

＊本書では，2次の合格基準を3問（60%）以上としています。

拡大コピーしてご利用ください。解答欄に書ききれない場合は別紙に書いてください。

第5回 1次 計算技能

標準解答時間 50分

解答用紙　解説・解答▶ p.168 ～ p.180　解答一覧▶ p.202

1		9	①
			②
2		10	
3		11	
4		12	
5		13	
6		14	
7		15	①
8			②

＊本書では, 1次の合格基準を11問（70%）以上（9, 15の①, ②は0.5問）としています。

 拡大コピーしてご利用ください。解答欄に書ききれない場合は別紙に書いてください。

第5回 2次 数理技能

標準解答時間 90分

解答用紙　解説・解答▶p.181～p.188　解答一覧▶p.203～p.205

（選択）問題番号	
1○ 2○ 3○ 4○ 5○ 選択した番号の○内をぬりつぶしてください。	※特別に指示のないかぎり，解法の過程を記述してください。
1○ 2○ 3○ 4○ 5○ 選択した番号の○内をぬりつぶしてください。	※特別に指示のないかぎり，解法の過程を記述してください。
1○ 2○ 3○ 4○ 5○ 選択した番号の○内をぬりつぶしてください。	※特別に指示のないかぎり，解法の過程を記述してください。

6（必須）	※特別に指示のないかぎり，解法の過程を記述してください。
7（必須）	※特別に指示のないかぎり，解法の過程を記述してください。

＊本書では，2次の合格基準を3問（60%）以上としています。

拡大コピーしてご利用ください。解答欄に書ききれない場合は別紙に書いてください。

本書に関する正誤等の最新情報は，下記のアドレスでご確認ください。
http://www.s-henshu.info/sk2hs2301/

上記アドレスに掲載されていない箇所で，正誤についてお気づきの場合は，書名・発行日・質問事項（ページ・問題番号）・氏名・郵便番号・住所・FAX番号を明記の上，郵送またはFAXでお問い合わせください。

※電話でのお問い合わせはお受けできません。

【宛先】　コンデックス情報研究所「本試験型 数学検定2級 試験問題集」係
住所　〒359-0042　埼玉県所沢市並木3-1-9
FAX番号　04-2995-4362（10：00～17：00 土日祝日を除く）

※本書の正誤に関するご質問以外はお受けできません。また受検指導などは行っておりません。
※ご質問の到着確認後10日前後に，回答を普通郵便またはFAXで発送いたします。
※ご質問の受付期限は，試験日の10日前必着とします。ご了承ください。

監修：小宮山 敏正（こみやま としまさ）
東京理科大学理学部応用数学科卒業後，私立明星高等学校数学科教諭として勤務。

編著：コンデックス情報研究所
平成2年6月設立。法律・福祉・技術・教育分野において，書籍の企画・執筆・編集，大学および通信教育機関との共同教材開発を行っている研究者，実務家，編集者のグループ。
イラスト：ひらのんさ

企画編集：成美堂出版編集部

本試験型 数学検定2級試験問題集

監　修　小宮山敏正（こみやまとしまさ）
編　著　コンデックス情報研究所（じょうほうけんきゅうしょ）
発行者　深見公子
発行所　成美堂出版
　〒162-8445　東京都新宿区新小川町1-7
　電話(03)5206-8151　FAX(03)5206-8159
印　刷　大盛印刷株式会社

ISBN978-4-415-23141-9
落丁·乱丁などの不良本はお取り替えします
定価はカバーに表示してあります